MONTAGNES ET TORRENTS

MONTAGNES

ET

TORRENTS

PAR

M. DE KIRWAN

Inspecteur des Forêts.

PREMIÈRE PARTIE.

CAUSES DE LA RUINE DES MONTAGNES.
LA TORRENTIALITÉ.
TRAVAUX DE CONSOLIDATION.

BRUXELLES

ALFRED VROMANT, IMPRIMEUR-ÉDITEUR

3, RUE DE LA CHAPELLE, 3.

1883

Extrait de la *Revue des Questions scientifiques*.

MONTAGNES ET TORRENTS.

I.

L'ÉCROULEMENT LENT DES MONTAGNES.

Si l'on fait abstraction, dit M. Albert Dupaigne dans son beau livre sur les *Montagnes*, des actions volcaniques, actions véritablement insignifiantes considérées dans l'ensemble des modifications du relief du sol terrestre, « l'histoire des montagnes aujourd'hui peut se résumer en un seul mot : *démolition* (1). »

C'est qu'en effet, si dures que soient les roches stratifiées ou éruptives qui les composent, si insolubles qu'elles paraissent aux moyens d'action de nos chimistes, elles ne résistent, à la longue, ni aux variations de température ni à l'action délétère, corrosive, et incessamment répétée de l'eau sous ses diverses formes , et des influences atmosphériques.

Soulevées par suite de poussées intérieures, ou par plissements latéraux, ou par de gigantesques effets de bascule, les montagnes n'en subissent pas moins le sort de toutes choses ici bas : elles essuient, elles aussi, les outrages du temps et tendent à effacer peu à peu le relief qu'elles dessinent sur notre sphéroïde. Quand elles eurent fait saillie au-

(1) *Les Montagnes*, par Albert Dupaigne, ancien élève de l'École normale supérieure, agrégé des sciences physiques et naturelles, professeur au collège Stanislas. — 1873. Chap. xi, p. 513. — Tours, Alf. Mame et Cie.

dessus des plaines des anciens âges, elles présentaient sans doute, pour la plupart, des crêtes abruptes, séparées par de profondes déchirures ; et, tout aussitôt, les agents atmosphériques, se mettant à l'œuvre, commencèrent à désagréger ces roches nues et sans protection, pour former, de leurs débris accumulés, les premiers talus d'éboulement. Précipitées sur ces pentes extrêmes, les violentes pluies tertiaires et quaternaires ou, à leur défaut, les neiges et les glaces durent les ronger sans cesse : elles nivelèrent ainsi le fond des vallées à l'aide de tous les débris qu'elles avaient arrachés aux versants décharnés, charriant ensuite ces immenses quantités de diluvium et de matières alluviales, et les déposant en ces couches parfois si puissantes qui nous étonnent aujourd'hui.

Sur ces talus de matériaux désagrégés, sur ces dépôts de roches broyées, et jusque sur les berges des ravinements creusés aux flancs de ces saillies gigantesques,, une vigoureuse végétation ne tarda pas à s'asseoir : herbes, gazons, broussailles d'abord, tapissant la paroi des roches, insérant leurs radicelles entre les fissures de la pierre, se suspendant aux dentelures des sommets ; puis les arbres aux puissantes racines, enserrant dans un inextricable réseau les terres ameublies, les débris détritiques, les fragments de roches désagrégées. Leurs vastes cimes couvrent d'un ombrage protecteur ces terrains d'éboulis, ces ravines aux berges instables, ces versants à peine dressés et déjà s'écroulant ; l'épaisse feuillée des forêts forme parachute aux cataractes d'eau versées par les nuées, elles en retiennent la plus grande partie que l'évaporation leur reprendra, et ne laissent arriver le surplus au sol que goutte à goutte et sans chocs destructifs. Là, l'élément aqueux doucement descendu rencontre un épais et spongieux tapis de feuilles mortes, de détritus végétaux de toute espèce qui l'absorbe; il descend lentement dans le sol, arrêté et retenu à chaque instant par l'enchevêtrure sans fin des racines de toutes ces plantes, herbes, ronces, sous-arbrisseaux, arbustes, grands arbres. Plus haut, là où la raréfaction de l'air refroidit le climat au point de ne plus permettre à la grande végétation de se développer, mille plantes herbacées étalent leur verdure cramponnée aux parois les plus abruptes, qu'émaillent en outre une infinité de fleurs aux couleurs éclatantes. La montagne s'est vêtue et parée. Ainsi la nature, luttant en quelque sorte contre elle-même, oppose aux forces violentes et brutales des éléments les forces suaves et persévérantes de la vie. Un régime plus calme, plus réglé remplace ainsi le désordre primitif. Aux torrents destructeurs intermittents, chargés de boues et de rochers, succèdent peu à peu, tantôt des ruisseaux inoffensifs, au cours régulier et paisible, tantôt de joyeuses et limpides cascatelles. Si les pentes trop rapides et reposant sur des assises insuffisamment consistantes s'abaissent par des glissements locaux, si de nouvelles érosions amènent la formation de torrents nouveaux, la végétation un instant troublée, partiellement détruite même, ne tarde pas à réparer ses pertes et à reprendre son empire : un nouveau manteau de verdure s'étale sur le chaos produit par le bouleversement d'hier, et les torrents récents finissent par se régulariser à leur tour.

Est-ce à dire que la végétation soit un obstacle absolu, permanent, invincible, à cette *démolition* des montagnes en laquelle nous disions tout à l'heure que se résume toute leur histoire ? Non, sans doute : rien n'est invinciblement stable sur notre planète ; les lois physiques qui la régissent doivent suivre leur cours, et ses archives géologiques nous révèlent d'innombrables séries de transformations à sa surface, contre lesquelles ont été finalement impuissantes des végétations bien autrement vigoureuses, des flores incomparablement plus riches que celles des temps contemporains de l'homme, et même des temps immédiatement antérieurs.

Les causes qui tendent à provoquer la chute et le nivellement graduels des montagnes sont de divers ordres. Les unes sont pour ainsi dire quotidiennes : ce sont celles qui résultent des orages ordinaires, des chutes de pluie et de grêle, des avalanches de neige à la fin des hivers. Les plus rapides dans leurs effets, par la fréquence de leur action, lorsqu'elles ne rencontrent aucun obstacle, ces causes peuvent être efficacement combattues , et même annulées, et la végétation, quand rien ne l'entrave, se charge de ce soin. Mais il en est d'autres dont les forces ne peuvent être neutralisées par la présence des arbres et des plantes de toute sorte, soit parce que la végétation ne les atteint point, soit parce qu'elles sont plus puissantes qu'elle.

Les montagnes d'origine volcanique, par exemple, renferment dans leurs flancs des sources minérales plus ou moins abondantes, qui dissolvent et charrient au dehors la substance même de ces montagnes. Ainsi l'on a calculé que la source de Louèche-les-bains, dans le Valais (1), qui contient environ deux grammes par litre de matières salines, creuse, dans les profondeurs du siphon naturel qui l'amène au jour, une cavité jaugeant chaque année 3000 mètres cubes, ce qui représente, en cent ans, un volume égal à celui de la célèbre *butte* Montmartre, à Paris. Il se forme donc, à la longue, sur le trajet des cours d'eau souterrains, comme le fait judicieusement observer M. Albert Dupaigne, d'immenses cavités. Quelquefois elles sont solidement voûtées comme dans les calcaires compactes ; mais le plus souvent la voûte finit par être impuissante à supporter le poids des assises montagneuses qui s'étagent au-dessus d'elle, et un affaissement subit de ces dernières finit par combler la cavité. Un grand nombre des *failles* constatées par la géologie n'ont pas eu d'autre origine.

D'autres fois,— et ce phénomène redoutable est relativement fréquent, — une portion plus ou moins considérable d'un escarpement, un vaste pan de montagne composé de roches dures, repose sur une base inclinée, toute en matières friables ou facilement attaquables par les infiltrations de l'humidité. Ainsi minée peu à peu la base corro-

(1) Cf. Alb. Dupaigne, *loc. cit.*, p. 515.

dée vient un jour à manquer, et l'escarpement entier, n'ayant plus son point d'appui, se précipite dans la vallée en écrasant tout sur son passage : un immense nuage de poussière comparable aux cendres vomies par une soudaine éruption volcanique se répand alentour ; une obscurité terrifiante règne partout ; le sol tremble et l'atmosphère est ébranlée par l'horrible fracas des roches qui se brisent dans leurs chocs mutuels. Quand l'œuvre de destruction est accomplie, quand le nuage de poussière s'est dissipé, un morne amas de blocs entassés, de roches brisées, entremêlées de laves boueuses, s'offre à la vue en place de la riante végétation qui régnait en cette place l'instant d'auparavant. La montagne a changé de forme ; la vallée est en partie comblée et un versant nu, aux arêtes aiguës, aux contours heurtés, se dresse au-dessous de la place qu'occupait l'ancien versant tapissé de verdure (I). Si la vallée est étroite, il peut arriver qu'elle se trouve comblée de part en part, et qu'une sorte de lac se forme en amont de l'éboulis, qui, affouillé par les eaux, se rompra quelque jour sous leur poids, amenant un nouveau désastre au-dessous de lui. Beaucoup de ces catastrophes remontent à une date antérieure à toute mémoire humaine, mais il en est d'historiques, d'autres sont contemporaines. Nous ne nous attarderons pas à en citer les trop nombreux exemples.

Ou bien des versants plus ou moins abrupts, fussent-ils couverts d'une verdure plantureuse, sont dominés par des massifs rocheux, s'élevant jusqu'à une altitude supérieure aux dernières limites de la végétation, et que rien ne peut protéger, par conséquent, contre l'action répétée des agents atmosphériques. Détachés par les gelées, des fragments de toutes grosseurs, de véritables quartiers de roche parfois, sont précipités tantôt directement, tantôt par les avalanches lors de la fonte des neiges ; ils balayent tout sur leur passage et forment des traînées désolées, jusqu'à

(1) Cf. Elisée Reclus, LA TERRE, *description des phénomènes de la vie du globe*, t. Ier. *Les Continents*, 2e partie, XI. — 1868, Paris, Hachette.

ce qu'ils rencontrent une pente suffisamment adoucie, sur laquelle ils s'accumulent soit en énormes amas, soit en nappes pierreuses nivelant toutes les dépressions secondaires du sol, soit enfin en forme d'immense entonnoir recouvrant la totalité des parois d'un cirque (1).

Il y a enfin l'action des glaciers. Ces immenses masses de glace, de neiges successivement fondues et congelées qu'on appelle *névés*, remplissent, à ces altitudes où règne éternellement l'hiver, les vallées, les moindres dépressions ou ravinements du terrain, s'accumulent dans de vastes cirques en épaisses *mers de glace ;* elles s'écoulent par les pentes, d'un mouvement imperceptible mais continu, et, sauf la lenteur, à la manière de véritables fleuves, jusqu'à des niveaux où se rencontre pour elles le point de fusion. Ces niveaux varient non seulement avec la latitude, mais, pour la même latitude, avec plusieurs circonstances : puissance plus ou moins grande des strates du fleuve solide, rétrécissement ou largeur de la vallée ou de la gorge qui lui sert de lit, époques diverses de l'année, etc. Cette progression des glaces ne s'exécute pas sans corroder dans une importante mesure les berges, le fond et les rives de leur lit, c'est-à-dire le corps même des parties hautes de la montagne. Sables, galets, fragments de toutes dimensions s'accumulent sur la surface glacée, marchent avec elle et, rejetés sur les bords, forment ces longues traînées riveraines de débris connues sous le nom de *moraines :* moraines *latérales,* quand elles occupent les bords ; *médianes,* quand la jonction de deux glaciers a réuni, côte à côte, la moraine latérale de droite de l'une avec celle de gauche de l'autre, formant ainsi, au milieu des deux fleuves de glace réunis, une ligne de démarcation entre eux. Enfin ceux des débris qui ont suivi le cours, toujours plus rapide (comme sur un fleuve d'eau) du milieu du glacier s'arrêtent ou tombent au pied de l'escarpement terminal, là où

(1) Cf. P. Demontzey, conservateur des forêts, *Traité pratique du reboise ment et du regazonnement des montagnes,* 1882, Paris, J. Rothschild.

le point de fusion, liquéfiant ses névés et ses blocs, met obstacle à sa progression ultérieure : la limite extrême de cel- le-ci est, de la sorte, marquée par un amoncellement de pierres, de graviers de galets, de boue, barrant toute la largeur du lit. C'est la moraine *terminale* ou *frontale*.

On comprend qu'une usure lente des hauts sommets ré- sulte de l'existence même des glaciers, nécessaire d'ail- leurs à la vie physique du globe; car se sont eux qui, après avoir condensé, sous forme de neige et de glace, les vapeurs de l'atmosphère pompées par le soleil sur l'Océan et les nap- pes liquides, donnent naissance aux grands fleuves. Et ceux-ci s'en vont à la mer après un long trajet, durant le- quel ils ont porté autour d'eux la vie et la fertilité.

Cette action corrosive des glaciers est accrue par les oscil- lations de leur extrémité inférieure qui remonte à chaque été pour redescendre à chaque hiver; elle varie aussi avec les fluctuations passagères du climat. Encaissée dans une gorge plus étroite et provenant de ramifications, c'est-à-dire d'affluents, en plus grand nombre, elle descendra d'autant plus bas pour fondre avec d'autant plus de rapidité et re- monter d'autant plus haut, étant venu l'été ou une série d'années moins froides. M. l'ingénieur Cézanne cite un remarquable exemple de ces variations d'oscillation des glaciers. Dix ou douze de ces fleuves solides se présentent en panorama sur le revers méridional du Mont-Blanc : du sommet du Cramont, ou du col de la Seigne, on les voit, partant de la même crête, s'épancher par les déchirures de la montagne, quelques coulées plus puissantes et sortant de gorges plus profondes et plus ramifiées, arrivent jus- qu'au bas de la vallée; il en est même qui la traversent et appuient leur moraine terminale contre le flanc de la montagne opposée, tandis que les premiers, issus de déchirures plus larges mais moins profondes et recevant moins d'affluents, « restent suspendus à mi-hauteur comme des cataractes pétrifiées (1). »

(1) Ernest Cézanne, ingénieur des ponts-et-chaussées, *Suite à l'Étude sur*

Les effets de détérioration, de *démolition* par les mouvements des glaciers, ne sortent pas généralement de la catégorie des actions lentes et peu sensibles. Cependant il est des cas où, soit par une fâcheuse coïncidence de certaines conditions atmosphériques, soit par la rapidité de ses oscillations, un glacier peut être l'origine de véritables et soudaines catastrophes, déracinant des forêts, entraînant les arbres, les engloutissant dans ses crevasses, les broyant ou les contournant sous la pression des blocs de glace, puis, au talus terminal, les rejetant écorcés, déchirés, mutilés dans le torrent qui lui fait suite. On cite un désastre de ce genre causé en septembre 1848 par le glacier d'Aletsch, le plus long des Alpes (24 kilomètres), qu'alimente l'immense cirque de la Jungfrau, célèbre d'ailleurs par ses oscillations vastes et rapides. Sur un parcours de quatre kilomètres, toute la partie d'une forêt de sapins qui bordait sa rive gauche fut ainsi ravagée, et les arbres détruits de la sorte n'étaient pas âgés de moins de 200 ans (1).

Si de telles actions sont déterminées par les glaciers rudimentaires de notre époque, véritables miniatures par comparaison, qu'était-ce que celles des glaciers des âges quaternaires, qui, dans le bassin du Rhône, descendaient jusqu'à Lyon, à 300^m d'altitude (2), ou des Pyrénées allaient se réunir en un seul avec ceux des montagnes du Centre ? Les immenses glaciers actuels de l'Himalaya et des monts Karakorum, qui mesurent leurs superficies par centaines de kilomètres carrés, ne peuvent nous donner qu'une idée affaiblie de ceux de la période glaciaire. Pour nous représenter ce qu'étaient les énormes revêtements de glaces et de neiges dont s'enveloppaient, au moins sur notre hé-

Les torrents des Hautes-Alpes de M. Alexandre Surell. — 1870. Paris, Dunod.

(1) Cf. le même, p. 103.

(2) Cf. *Les temps quaternaires* par M. Siporta, dans la *Revue des deux mondes* du 15 octobre 1881.

misphère, les massifs montagneux des zones tempérées et méridionales, il n'y a guère aujourd'hui que les amas de même nature qui recouvrent les deux zones polaires.

Ainsi, considérées sous la seule influence des forces de la nature et antérieurement à l'homme, ou du moins, abstraction faite de son action, les montagnes, protégées contre les attaques incessantes et journalières des météores par la végétation dont elles ont hâte de se revêtir, ne sont pas cependant à l'abri de certaines de leurs atteintes, plus rares mais plus violentes, ou prenant leur point de départ en des parties inaccessibles à la végétation elle-même. C'est ainsi que des gorges, des vallées s'y sont ouvertes, que des cols y ont été creusés. Telles collines, riantes et modestes, assises sur des plaines ou des plateaux formés de leurs débris, furent, aux temps géologiques, d'imposantes et austères montagnes ; tôt ou tard les Andes et l'Himalaya, ces puissantes arêtes continentales, dit M. Élisée Reclus, « deviendront de simples rangées de collines, comme tant d'autres chaînes plus anciennes qui furent aussi l'épine dorsale d'un monde (1). »

Mais d'aussi importantes dénivellations, des ruines aussi colossales, ne peuvent s'accomplir, par l'action de la nature livrée à elle-même, qu'à la faveur de très longues séries de siècles. La vie lutte sans cesse contre la fureur des éléments ; un désastre n'est pas plus tôt consommé quelque part, qu'elle travaille à le réparer ou, tout au moins, à en conjurer les effets et à en cacher la désolation sous les mille replis d'un voile verdoyant ou fleuri. Elle lutte pied à pied contre l'œuvre de destruction et de mort. Si elle ne peut empêcher les grandes catastrophes, elle en retarde et en atténue les effets. Elle neutralise enfin, résultat à lui seul énorme, le travail continu des destructions journalières, dû à l'acharnement incessant et que rien ne lasse jamais, des influences météoriques.

(1) *Op. cit.*

II.

LA DÉMOLITION RAPIDE.

—

La crue des fleuves.

L'homme parut un jour sur la terre. Longtemps la vaste plaine et les vallées ouvertes suffirent à son expansion. Puis, croissant et multipliant toujours, repoussé d'ailleurs par les invasions, il finit par aborder les montagnes ; là, mû par le désir de satisfaire un goût ou un besoin du moment, insouciant de l'avenir, il s'attaqua, — il s'attaque encore tous les jours, — à cette végétation protectrice qui s'efforcé de garantir le sol. Il ne se borna pas à user, il abusa. Il défricha inconsidérément les pentes boisées pour les mettre en culture, il livra sans règle ni mesure les versants gazonnés à la dent du bétail. Ce sont surtout les énormes troupeaux de moutons, conduits chaque été sur les hauts sommets, qui sont la cause principale de ces ruines: on aura occasion, plus loin, d'en expliquer la raison.

Nulle part peut-être au monde, ce phénomène de la destruction progressive des montagnes par l'imprévoyance et l'égoïste incurie de l'homme n'est plus remarquable et caractéristique que dans les Alpes françaises et italiennes, et dans la partie des Alpes suisses dont les pentes regardent l'Italie (1). Les bassins du Rhône et de la Durance subissent plus particulièrement les effets de ces ravages, et l'étude de la dévastation des montagnes qui les alimentent peut être

—

(1) On en pourrait dire presque autant de bien des régions des Pyrénées, au moins dans leur partie orientale. La cause en est dans la *transhumance* des innombrables troupeaux qu'on hiverne dans la Crau, la Provence, les plaines de la haute Italie, et que, l'été venu, on lance, comme des hordes de Vandales ou de Huns, sur ces malheureuses montagnes pyrénéennes ou alpestres.

considérée comme applicable, quant aux grandes lignes, à toutes celles dont la végétation disparaît ou a fui sous l'action destructive de l'homme.

Les Alpes françaises se composent généralement de roches très dures alternant avec des assises facilement attaquables par les eaux d'infiltration. Ce sont principalement des marnes, des schistes friables qui se délayent graduellement et qui, manquant aux masses compactes appuyées sur elles, occasionnent soit leur brusque écroulement, soit leur glissement lent, en tout cas la destruction progressive ou instantanée de tout ce qui se trouve au-dessous d'elles comme des masses qu'elles supportaient naguère. Il n'en a pas été toujours ainsi. Tous ces rochers décharnés, tous ces escarpements nus, ces sommets de versants arides étaient autrefois recouverts, soit d'épaisses forêts, soit de plantureux herbages qui retenaient sur leurs feuilles et leurs tiges la plus grande partie des eaux météoriques, et ne laissaient pénétrer que peu à peu jusqu'au sol le surplus qu'absorbaient leurs racines ; et celles-ci soutenaient aisément la couche de terre végétale au delà de laquelle l'humidité pénétrait moins facilement, laissant ainsi intactes les assises friables du sous-sol. En d'autres points, des couches de terres détritiques recouvrent, au contraire, sur des épaisseurs et selon des pentes variables, un sous-sol pierreux et dur ; sous la végétation de jadis et par un effet analogue, elles étaient maintenues et ne permettaient point aux pluies violentes, aux grêles, aux chutes de neiges de creuser des ravins, origines de ces torrents intermittents et d'autant plus terribles dont nous aurons à étudier les effets (1). Mais aujourd'hui les chèvres et surtout les moutons ont presque partout arraché l'herbe. Ils ont brouté

(1) Cf. Scipion Gras, ingénieur en chef des mines, *Études sur les torrents d's Alpes*, 1857. — Paris, V^r Dalmont ; — Alex. Surell, ingénieur des ponts et chaussées, *Étude sur les torrents des Alpes*, deuxième édition, 1870. Paris, Dunod ; Ch. de Ribbe, *La Provence au point de vue des bois, des torrents, des inondations*, 1857. — Paris, Guillaumin.

les tiges des jeunes arbres, leurs bourgeons, leurs rameaux encore tendres, dévorant jusqu'aux promesses de l'avenir. Leur sabot étroit et pointu a creusé et détaché le sol adhérent à la pierre, et leur mâchoire infatigable a déchaussé du peu de terre ou de gravier qui les entourait la dernière racine des herbes et des broussailles. Et peu à peu la roche nue a percé à travers la couche de terre désagrégée et lavée par les pluies. Rien n'a plus arrêté, sur les escarpements dénudés, l'eau du ciel ou les amas de neige. Les ravines ont vallonné les versants; à chaque orage les eaux s'y rassemblent ; puis fondant de tous les points sur le plus voisin cirque ou sur un commun lit de réception, elles en affouillent les berges, en corrodent le fond, entraînent avec elles roches et terres, et derniers débris de végétation. Puis, progressant avec une vitesse toujours croissante ; chassant violemment, en masse irrésistible, la colonne d'air qui se trouve devant elles; ébranlant les versants qui les encaissent ; attirant à elles tous les corps que cet ébranlement a détachés des hauteurs, elles arrivent à la vallée avec une rapidité vertigineuse; et entraînant le lit mobile du précédent désastre, elles épanchent sur les champs, les cultures, les routes, les maisons, parfois sur des villages entiers, une masse énorme de boues, de pierres, de débris informes qui ensevelit tout sous le linceul du désert. Les versants opposés sont le théâtre de catastrophes analogues, et les crêtes se découpent sous l'action répétée de ces précipitations de matériaux qui finissent parfois par correspondre d'un ravin à un autre au moyen de couloirs d'érosion. Plus de verdure, plus une touffe d'herbe, pas un reste de broussaille, plus rien que le chaos sur tout le bassin du torrent, agrandi à chaque renouvellement de pareille catastrophe. A peine, çà et là et à des lieues d'intervalle, quelque terne et grisâtre pâturage reste-t-il encore, que la dent acharnée et l'impitoyable piétinement des moutons aura bientôt achevé de détruire, à moins que quelque pluie d'orage, grossissant et changeant encore une fois en torrent dévastateur le mince filet d'eau qui serpente, au fond du thalweg, sous les rochers brisés et entassés, n'emporte à tout jamais ces restes de terres et de brins d'herbe oubliés par les désastres antérieurs.

La conséquence inéluctable d'un tel régime dans les régions montagneuses qui y sont assujetties, est la décroissance de la population : là où le désert morne remplace le sol productif, il n'y a plus de place pour l'homme. Les Alpes françaises n'ont pas toujours été le théâtre des scènes répétées dont nous avons essayé de donner un faible aperçu. Au XVe siècle, leurs versants, leurs gorges, leurs pitons, étaient, jusqu'à la limite de la végétation arborescente, en grande partie couvertes de forêts de sapins et de mélèzes. Malgré de trop nombreux défrichements, des restes importants de ces antiques massifs forestiers subsistaient encore au XVIIe siècle; mais les habitudes étaient prises, les défrichements suivirent leurs cours, et quand des ravins et des torrents, nés sur les penchants dépouillés de leur manteau végétal, avaient entraîné les terres, on cherchait dans de nouveaux défrichements la compensation des pertes subies. Puis, quand, à cette première cause de ruine des montagnes, vint s'ajouter le pâturage sans règle, sans restriction, sans limites, des chèvres et des moutons, les désastres s'accrurent dans une proportion inouïe. Aussi la décroissance de la population atteint-elle des chiffres navrants dans la région où la ruine est le plus accusée. Un relevé soigneusement fait de l'état de la population aux époques du recensement, pendant une période de trente années, dans les deux départements des Hautes et Basses-Alpes, donne les tristes résultats qui suivent :

De 156 675 âmes en 1846, la population des Basses-Alpes, sur une superficie de 695 000 hectares, n'était plus, en 1876, que de 136 166 âmes, ayant décru de 20 500 âmes pendant ces trente ans ; c'est une proportion moyenne de 13 p. 100. Mais, plus faible dans les arrondissements composés de plus de coteaux que de montagnes

(7 p. 100 à Forcalquier), elle s'élève jusqu'à 19 1/2 p. 100, dans les arrondissements qui, comme ceux de Castellane et de Barcelonnette, sont exclusivement formés de hautes montagnes.

Dans le département des Hautes-Alpes, d'une superficie de 553 000 hectares, le chiffre de la population est descendu de 130 566 à 119 094, soit de 11 500 âmes dans la même période. Le taux moyen est encore de près de 9 pour 100, s'élevant seulement à 10 1/2 pour 100 dans l'arrondissement communal d'Embrun, le plus montagneux du département (1).

De tels chiffres sont tristement éloquents, douloureusement instructifs. On pourrait, par un calcul très simple, prévoir, à leur aide, l'époque précise où les 12 485 kilomètres carrés qu'enceint le périmètre de ces deux départements seront devenus entièrement veufs de tous habitants, si un prompt et énergique remède n'était apporté à cet état de choses. Entre le massif du mont Thabor (près de Ragatz, canton de Saint-Gall) et les Alpes niçoises, dit M. Élisée Reclus, il y a un espace de dix mille kilomètres carrés, où l'on ne compte plus un seul centre de population dépassant le nombre de deux mille âmes ; encore les douaniers et les fonctionnaires de divers ordres, qui y ont leur résidence forcée, comptent-ils pour une part relativement importante dans ce chiffre (2).

On s'explique par là comment tant de contrées montagneuses ou voisines des montagnes, autrefois peuplées et florissantes, sont devenues comparativement désertes : on en

____

(1) Cf. Demontzey, conservateur des forêts, NOTICE *sur les travaux de reboisement dans les Hautes et Basses-Alpes.* 1878, Paris, imprimerie nationale. — Si l'on compare les derniers chiffres de population aux superficies, l'on voit que la densité est, pour les Hautes-Alpes, de 21,5 habitants par kilomètre carré, de 19,5 seulement pour les Basses-Alpes, et enfin de un peu plus de 20 pour les deux départements réunis. Trente ans auparavant, ces densités étaient respectivement de 23,5 pour les Hautes-Alpes, de 22,5 pour les Basses, de 23 pour les deux départements.

(2) Cf. Elisée Reclus, *Op. cit.* 2e partie, III, p. 410.

a plus ou moins déboisé les hauteurs. Qu'est devenue la fertilité légendaire de la Palestine, cette *terre promise* que les Hébreux durent conquérir pied à pied, il y a trois mille ans, sur des populations denses, belliqueuses et matériellement prospères? Où sont les épaisses forêts du Liban d'où provenaient les bois destinés à la construction du temple de Jérusalem, que Hiram, roi de Tyr, fournissait à Salomon? Pourquoi tant de régions orographiques de la Syrie et de l'Asie-Mineure, autrefois richement boisées et abondamment peuplées, sont-elles devenues presque dénuées d'habitants? Et la Grèce, cette reine de la civilisation antique, où l'idéal de la poésie comme de la beauté plastique a été réalisé à un degré non surpassé depuis (s'il a même été atteint), pourquoi, après plus d'un demi-siècle de retour à l'autonomie et à la liberté, ne compte-t-elle que 24 à 29 habitants par kilomètre carré (I)? Là aussi la main imprévoyante de l'homme a fait tomber les forêts ou les a livrées en pâture au bétail; et, jadis fertiles et peuplées, les montagnes de l'Hellade sont devenues, depuis de trop longs siècles, de frustes déserts infestés par le brigandage. L'Espagne, une des contrées de l'Europe où le déboisement s'est exercé sur la plus grande échelle, en est réduite, en certaines de ses provinces, notamment dans les Castilles, à user d'un chauffage infect composé de bouses de vache desséchées ; et la population de ce vaste et beau royaume n'est pas beaucoup plus dense que celle de la Grèce : en certaines de ses provinces, elle est même inférieure (I).

(1) La superficie de la Grèce est, d'après l'*Annuaire du Bureau des longitudes,*de 40 175 kilomètres carrés, et sa population, de 968 000 à 1 154 000 habitants. La Belgique, dont la superficie est d'un quart moindre (29 455 k. q. en possède 5 336 000, ce qui représente une densité de population de 181 habitants par kilomètre carré. Pour le royaume-uni (Angleterre, Écosse, Irlande) la densité est de 101; celle de l'ensemble des 86 départements de la France, Belfort compris, est de 70 ; celle de la Suisse, de 64 ; celle de l'Espagne de 33 (Cf. *Ann. Bur. long.* 1880 et 1881).

(1) Dans la Vieille-Castille et la Murcie, la densité de population est encore

Mais la destruction graduelle des montagnes, la ruine des cultures et des lieux habités, et par suite la dépopulation dans leur enceinte, ne sont pas les seules conséquences funestes de leur déboisement. Il en est une plus vaste, plus générale et conséquemment plus désastreuse encore : c'est l'accroissement en fréquence et en intensité des grandes inondations ; car celles-ci étendent leurs ravages sur toutes les vallées composant les bassins des fleuves qui prennent leur source dans les grands massifs montagneux.

Il n'est personne assurément qui puisse raisonnablement prétendre que les inondations soient la conséquence exclusive du déboisement des montagnes. En tout temps et par tous pays, il y a eu des débordements des fleuves et des rivières, alors même que le revêtement forestier des monts d'où ces cours d'eau procèdent n'était encore que faiblement entamé ; et les vastes estuaires des deux Amériques charriant jusqu'à l'Océan d'immenses radeaux, vastes îles flottantes, exclusivement composés de l'enchevêtrure indéfinie d'arbres géants arrachés aux flancs des cordillières des Andes, montrent bien que les forêts ne domptent pas toujours et nécessairement, comme nous l'avons exposé plus haut, du reste, la puissance des éléments. D'ailleurs, comme l'a fait très judicieusement remarquer ici-même M. de Lapparent dans sa belle étude sur les inondations (1), les débordements font intrinsèquement partie du régime des cours d'eau, et proviennent tout d'abord de l'excès des quantités de vapeurs apportées par les vents jusqu'à ces condensateurs naturels qui sont les sommets mêmes des montagnes.

Mais si le manteau végétal de ces dernières n'apporte pas en toute circonstance un obstacle absolu à la forma-

de 25 habitants par kilomètre carré. Elle n'est que de 22 dans la Nouvelle-Castille et le Royaume de Léon, de 19 dans l'Aragon et de 17 dans l'Estramadure (Cf. *Ann. Bur. longit*).

(1) Cf. la livraison de juillet 1878, ou tome IVᵉ de la collection, pp. 1 et suiv.

tion des torrents et aux inondations, il n'en est pas moins certain qu'il les empêche dans beaucoup de cas et que, lors même qu'il y est impuissant, il lui reste encore assez d'efficacité pour en atténuer les effets dans une proportion très remarquée. C'est ce que l'on espère faire ressortir dans la suite de ce travail. Mais déjà nous pouvons en faire pressentir l'importance par une simple remarque. On a vu plus haut que l'un des effets du déboisement est de permettre aux eaux pluviales d'entraîner les terres meubles arrachées aux versants : or ces terres où vont-elles ? Charriées par les torrents dans le lit des rivières, elles sont conduites par celles-ci jusque dans les fleuves. Lors des débordements une partie de ces terres, en suspension dans l'eau, se déposent sur le sol des vallées et y produisent une sorte de colmatage pouvant quelquefois compenser partiellement la perte de récoltes ; mais la plus grande partie, celles que contiennent les eaux du cours principal du fleuve, s'en vont jusqu'à la mer et sont ainsi perdues sans compensation et à tout jamais. De calculs auxquels s'est livré M. l'ingénieur Surell, il résulte que le débit *annuel* du Rhône, c'est-à-dire le débit ordinaire et normal est de 54 236 000 000 de mètres cubes d'eau, lesquels charrient 21 000 000 de mètres cubes de limon (1)! La Durance, cet important et torrentiel affluent du Rhône inférieur, n'en charrie pas moins, chaque année, de 11 millions de mètres cubes (2) dont une partie se trouve retenue par le colmatage de cette rivière (3).

(1) Cf. Ch. de Ribbe, *loc. cit.*, pp. 79-80 *ad not.*

(2) Cf. Du Guiny, sous-inspecteur des forêts (aujourd'hui conservateur): *De l'exploitation des pâturages dans les Alpes*, dans la *Revue des eaux et forêts* de novembre 1865.

(3) D'une note publiée par la même Revue, en décembre 1876, il résulte que, de 1871 à 1875, la moyenne d'action colmatante par dérivation des eaux de la Durance a subi une réduction continue. De 29 230 m. c. en 1871, cette moyenne est descendue, pendant les années suivantes, aux chiffres respectifs de 28 593, 26 656, 25 661, enfin en 1875, 25 204 mètres cubes. Cette diminution graduelle est attribuée, par l'auteur de la note, aux travaux de reboisement et de regazonnement qui s'exécutent dant les Hautes-Alpes.

Ce qu'il y a de remarquable, c'est que ce volume énorme de matières terreuses provient à peu près en entier de la partie française du bassin. Presque nulle à la sortie du lac de Genève, la quantité de limon contenue normalement dans les eaux du Rhône est déjà de 96 grammes par mètre cube d'eau à Lyon (1). Elle était, d'après M. Surell, de 482 grammes à Beaucaire en 1847.

Or les Alpes, en France, sont déboisées, dégazonnées, nues sur la plupart des points. En Suisse, le mal est beaucoup moindre. La constitution physique des Alpes françaises ne diffère point cependant de celle des Alpes helvétiques. De part et d'autre, ce sont de hautes montagnes, des roches et des glaciers. Mais en Suisse, « de magnifiques pâturages aménagés avec un soin extrême, les riants tableaux d'une riche végétation, des cours d'eau inoffensifs, l'aisance partout : dans nos Alpes, qui ne le sait ? tout l'opposé, des inondations périodiques, la stérilité et la misère (2). » Les plus légères pluies, les moindres rosées ne s'écoulent pas, le long des versants dénudés, sans entraîner avec elles quelques parcelles du sol ; chaque goutte d'eau emporte sa particule terreuse ; et même dans les temps calmes, alors qu'aucun désastre n'est, pour le moment, à déplorer, le lavage incessant des terres à jour lève sur elles le tribut que le Rhône va porter à la mer. Ce n'est pas à une autre cause qu'il faut attribuer la couleur d'un noir d'encre des eaux de l'Isère, toutes chargées de limons arrachés aux schistes et aux marnes noires du trias si communs dans les Alpes.

Si, en temps ordinaire, les cours d'eau divers des Alpes françaises charrient de telles quantités de matières terreu-

---

(1) Boussingault, cité par M. Ch. de Ribbe, *loc. cit.*

(2) *De l'exploitation des pâturages dans les Alpes* (*Revue des eaux et forêts*, octobre 1865), par M. du Guiny. — Toutes les montagnes de la Suisse ne méritent pas sans exception cet éloge : les cantons italiens, comme l'auteur le fait d'ailleurs remarquer, et particulièrement le Tessin, livrés à la transhumance, se rapprochent davantage des Alpes françaises sous ce rapport.

ses, qu'est-ce donc lors des débordements et surtout lors des grandes inondations ? Qui ne voit dans quelles énormes proportions ces matières étrangères accroissent alors le volume des eaux, et par suite l'intensité et l'étendue du désastre ? Quand la végétation sur les versants et les hauteurs n'aurait pour effet que d'enlever aux débordements et aux inondations ce surcroît de volume en retenant toutes les matières terreuses, limoneuses et parcelles de roches qu'ils entraînent dans leur expansion désordonnée, ce serait déjà un résultat suffisant pour justifier la tentative de son rétablissement ; mais, avec les terres, la végétation retient, nous l'avons dit, une infinité de gouttes d'eau, appoint important, qui manque encore, de ce chef, aux grandes crues. Et quand il s'agit de crues ordinaires ou d'inondations moyennes, cet appoint manquant peut se trouver égal aux causes mêmes de la crue ou de l'inondation et, par suite, l'empêcher tout à fait.

III.

DÉBOISEMENT ET REBOISEMENT.

Après avoir tracé rapidement un premier et général aperçu de l'influence ruineuse des pluies et des météores tombant directement et sans obstacle sur des montagnes où, comme dans les Alpes, des roches compactes et dures, peu perméables, alternent avec des schistes, des marnes et autres roches friables ou de désagrégation facile, ainsi que sur les bassins et les vallées que ces montagnes commandent, — il ne sera peut-être pas sans intérêt de jeter un coup d'œil sur la marche du déboisement en notre siècle, sur ses effets funestes, et sur la tendance de l'opinion et des pouvoirs publics à réagir contre un état de choses aussi préjudiciable pour le présent, que rempli de menaces pour l'avenir.

L'appauvrissement graduel des forêts, le déboisement autrement dit, est un fait malheureusement général. A l'exception de certaines parties du centre de l'Europe, en Suisse, en Allemagne et dans l'empire austro-hongrois où les forêts, aussi bien celles que gère l'administration publique que celles des particuliers, sont depuis longtemps l'objet des meilleurs procédés de préservation, voire de culture savante, on peut dire que partout les efforts pour leur conservation, — là encore où ces efforts existent, — sont impuissants à contrebalancer le résultat des déboisements, soit que ceux-ci aient été réalisés directement par voie de défrichement, soit indirectement et avec plus ou moins de lenteur, par une mauvaise exploitation ou par l'abus du pâturage.

En France, cependant, de sérieux efforts sont tentés, depuis une vingtaine d'années, pour réagir contre cette tendance funeste. Si la loi a fini par reconnaître aux particuliers le droit de défricher leurs bois situés en plaine, par contre elle leur interdit, depuis 1859, le défrichement d'une manière absolue, non seulement en montagne proprement dite, mais encore sur tout terrain d'une pente assez accusée pour que la conservation des massifs forestiers y puisse être considérée comme nécessaire au maintien des terres. Encore le droit de défricher les bois en plaine est-il sujet à restriction dans les cas de nécessité ou d'utilité pour la fixation des dunes ou des berges contre les érosions marines ou fluviatiles, ou pour la conservation des sources, ou enfin pour la salubrité publique. Mais c'est surtout par les mesures relatives à la restauration des montagnes déboisées du sud-est (Alpes), du midi (Pyrénées) et du centre (Cévennes et Plateau Central), que s'est manifestée, depuis 1860, une préoccupation sérieuse et efficace en vue de réagir contre les effets déplorables du déboisement.

Il n'était que temps.

La disparition graduelle du sol forestier, contre laquelle,

de Philippe-Auguste à Louis XIV, les ordonnances de nos
rois avaient fréquemment cherché à réagir, prit, à partir de
la période révolutionnaire, un développement inouï et sans
frein. L'autorité des officiers forestiers fut partout mécon-
nue, les maîtrises des eaux et forêts abolies, les municipa-
lités déclarées gardiennes des forêts ; et partout le pillage
de ces mêmes forêts devint, par suite, comme la règle de
gens affamés de désordre et de ruines. « A la révolution,
s'écrie un écrivain qui n'est cependant point suspect d'hos-
tilité envers elle, à la révolution toute barrière tomba ; la
population pauvre commença d'ensemble cette œuvre de destruction. Ils escaladèrent, le feu et la bêche en main, jusqu'au nid des aigles, cultivèrent l'abîme, pendus à une
corde. Les arbres furent sacrifiés aux moindre usages ; on
abattait deux pins pour faire une paire de sabots. En
même temps le petit bétail, se multipliant sans nombre,
s'établit dans la forêt, blessant les arbres, les arbrisseaux,
les jeunes pousses, dévorant l'espérance. La chèvre surtout,
la bête de celui qui ne possède rien, bête aventureuse qui
vit sur le commun, fut l'instrument de cette invasion déma-
gogique, la terreur du désert (1). »

Cette suite de dévastations et d'actes de véritable brigandage dura dix ans, et cet état fut aggravé encore par
l'aliénation de plusieurs forêts domaniales.

Lorsqu'enfin la main énergique et vigoureuse du premier consul eut remis un peu d'ordre et de régularité en
toutes choses, l'administration publique put se reconstituer
sur des bases durables. Mais, pendant toute la durée de la
puissance de Napoléon, et même plusieurs années encore
après lui, le corps forestier nouveau qui avait remplacé
les administrations régionales connues sous les noms de
Grandes-Maîtrises et de Maîtrises particulières, se recruta
principalement parmi les anciens officiers de l'armée, en

---

(1) Michelet, *Hist. de France*, t. II, cité par M. Meaume dans son *Com-
mentaire du code forestier*, t. I, p. 457 *ad not.*

récompense de leurs services, en tout cas parmi des hommes sans compétence en matière forestière et qu'aucunes
études spéciales n'avaient préparés à leur rôle. On ne s'é-
tonnera donc pas que les intérêts forestiers aient été peu
sauvegardés sous l'empire ainsi que durant les premières
années de la Restauration, occupée à des soins plus urgents.
Il était cependant réservé à celle-ci d'inaugurer sérieusement l'ère réparatrice en matière de forêts : la création
de l'école de Nancy en 1824, qui garantit au corps forestier
un recrutement assuré dans une élite de jeunes gens, fils
de famille, instruits et laborieux ; la promulgation du code
forestier, en 1827, qui mit l'ancienne législation en rapport avec la nouvelle organisation sociale créée par les
événements, témoignent des premiers efforts sérieux qui
aient été, depuis l'ouverture de l'ère révolutionnaire,
tentés en faveur de la conservation des forêts. Efforts bien
impuissants et bien peu efficaces au début, mais qui mar-
quent le point de départ d'une tendance réparatrice : celle-
ci, a travers bien des vicissitudes et — pourquoi ne pas
l'avouer ? — quelques éclipses, ne s'est pas moins maintenue et développée.

Cependant les effets du déboisement furent rendus plus
palpables et commencèrent à émouvoir l'opinion à la suite
des inondations de 1840. Il y eut comme une première
révélation, un premier avertissement à l'opinion publique,
et la question commença à être sérieusement étudiée. Dès
1841, parut le magistral ouvrage de M. l'ingénieur Surell,
l'*Étude sur les torrents des Hautes-Alpes*, couronnée, en
1842, par l'Institut et devenue classique au point de vue
de cette grave question. Dans la *Conclusion* de ce savant
travail, l'auteur émet cette proposition dont on ne saurait
trop se pénétrer :

« De la présence des forêts sur les montagnes dépend l'existence des cultures et la vie de la population. Ici, le boisement n'est plus, comme dans les plaines, une simple question de convenance : c'est une œuvre

de salut, une question d'être ou de n'être pas (1). »

L'éminent ingénieur aurait pu ajouter avec non moins de vérité, s'il n'avait tenu à restreindre son étude aux seules Hautes-Alpes, que l'existence des forêts de montagnes, des *saltus*, pour employer une expression spéciale et heureuse qui n'a point passé dans notre langue, est nécessaire même aux vallées basses que ces montagnes alimentent de leurs eaux: elles servent à y *atténuer* les inondations générales qu'aucune précaution ne saurait complètement prévenir et à les *préserver* des crues partielles, des inondations locales, dont l'unique cause est dans la destruction des obstacles que la nature s'était chargée d'opposer elle-même à la formation des torrents.

L'étendue toujours croissante du désastre était signalée et le remède indiqué avec une hauteur de vues et une compétence que nul ne songeait à contester. Dès 1843, soixante-trois conseils généraux ayant insisté sur la nécessité des mesures à prendre pour le reboisement des montagnes, un projet de loi préparé par M. le Directeur général des forêts fut, le 7 décembre 1845, envoyé par le roi à l'examen d'une commission composée d'agriculteurs, d'inspecteurs généraux des ponts et chaussées et des mines et d'agents supérieurs du service forestier. Pendant ce temps, survenait, les 17 et 18 octobre 1846, un immense débordement des eaux du bassin de la Loire, plus terrible même peut-être que les inondations précédentes. Discuté et amendé dans plusieurs de ses parties, le projet de loi fut soumis à la chambre des députés dans sa session de 1847. C'était un projet grandiose, qui n'eût tendu à rien moins qu'à parfaire l'œuvre du reboisement des montagnes dans la durée d'un petit nombre de générations d'hommes. Le remède devait être appliqué simultanément, non seulement aux montagnes des Alpes,

(1) *Étude sur les torrents des Hautes-Alpes,* par Alexandre Surell, ingénieur des ponts et chaussées, deuxième édition, t. 1er, p. 276. — 1870. — Paris, Dunod.

mais encore aux Pyrénées, à la Montagne-Noire, aux Cévennes, au Plateau Central. L'ensemble de ces mesures constituait une opération tellement vaste, tellement colossale, exigeait la dépense d'un si grand nombre de millions, que le parlement, si bien disposé qu'il fût, ne pouvait trancher, en une première et unique session, une question de cette importance. On comprend de reste qu'un tel projet réclamât préalablement, de la part du législateur, une étude approfondie.

Mais voilà qu'arrive la révolution de février 1848; moins de quatre ans après, le coup d'état du 2 décembre 1851; et les préoccupations du public comme du législateur furent violemment tournées, et pour de longues années, vers de tout autres directions. Quoi qu'il en fût, le fléau des inondations n'avait point abdiqué : il exerça notamment de cruels ravages au commencement de l'été de 1856 juin), et l'année d'après, un ingénieur en chef des mines, M. Scipion Gras, homme d'un haut savoir et d'une grande autorité, publia un mémoire fort remarqué, sous ce titre : *Etudes sur les torrents des Alpes* (1). Il y présente, à peu de chose près, la théorie des torrents de M. Surell auquel il rend un trop juste hommage, mais il n'en adopte pas les conclusions : il reconnaît bien que le déboisement et le dégazonnement des hauts sommets et des versants sont la cause unique de la formation d'un grand nombre de ravins et de torrents, de l'aggravation toujours croissante des ravages qu'ils produisent tous; seulement, il considère le rétablissement artificiel de l'ancien état de choses comme impossible. Il propose de simples moyens de défense contre les torrents existants, consistant en des barrages, les uns insubmersibles, destinés à retenir entièrement tous les cailloux charriés par le torrent, les autres submersibles, en vue d'une retenue seulement partielle de ces matériaux. D'une incontestable valeur au point de vue de la science,

---

(1) Paris, 1 57, Dunod ; — et *Annales des Mines*, t. XI.

le travail de **M**. Scipion Gras ne paraît pas avoir donné, comme résultats pratiques, tous les effets qu'on était en droit d'en attendre. Appliqués à un torrent des environs de Barcelonnette, les procédés de l'éminent ingénieur en chef n'auraient pas réalisé les espérances qu'ils avaient fait concevoir (1).

D'ailleurs l'opinion de ce savant, sur la prétendue impossibilité de la restauration des montagnes torrentielles par le reboisement, n'était pas une opinion isolée. Beaucoup de bons esprits la partageaient, principalement dans le corps des ingénieurs ; et, plusieurs années après, l'un des membres les plus distingués de ce corps d'élite, feu M. Belgrand, allait même, dans ses admirables travaux sur l'hydrologie de *la Seine* et sur le *Bassin parisien aux âges antéhistoriques*, jusqu'à soutenir que la présence des bois sur les versants rapides, du moins des bois d'essences à feuilles caduques, ne retarde pas sensiblement les crues des cours d'eau (2).

(1) Voir un *Rapport* sur cet essai, aux *Annales des chemins vicinaux*, année 1862, pp. 187 à 192.

(2) L'illustre historiographe du régime des eaux dans le bassin de la Seine, fondait son opinion sur les observations par lui faites en étudiant le régime de deux ruisseaux des environs d'Avallon (Yonne), affluents de la petite rivière de Cure, et coulant tous deux en sol imperméable, mais au fond de ravins dont l'un avait les versants boisés et l'autre non. Ici le savant hydrographe n'a pas su éviter un écueil si fréquent dans l'observation de faits aussi complexes et aussi sujets aux variations accidentelles que ceux de l'espèce. Il a généralisé trop vite et en s'appuyant sur des bases insuffisantes, sur des observations faites à beaucoup trop petite échelle. L'imperméabilité du sol est d'ailleurs une condition qui est loin d'être générale à tous les ravins. et les travaux de reboisement en montagne, dont nous aurons à parler ultérieurement, fournissent à l'encontre de l'opinion exprimée par l'illustre ingénieur des faits absolument concluants. Au surplus, cette opinion ne prouverait quelque chose contre l'action des bois feuillus sur la retenue des eaux pluviales, qu'en ce qui concerne les crues d'hiver. Mais les grandes pluies et les orages qui amènent les crues n'ont pas lieu seulement pendant que les bois feuillus sont dépouillés de leurs feuilles ; il y a aussi les pluies et les orages d'été pendant lesquels les arbres à feuilles caduques retrouveraient, en tout cas, la plénitude de leurs avantages pour intercepter au passage et envoyer à l'atmosphère, par évaporation, une part importante des eaux pluviales par eux reçues.

On se rappelle encore, à la suite des inondations de 1856, une lettre de l'empereur Napoléon III au ministre des travaux publics, dans laquelle l'impérial écrivain comparait les versants des montagnes, sous le rapport de la réception des eaux pluviales, aux versants des toits des maisons, les vallées à leurs gouttières, et indiquait divers travaux d'art qui lui paraissaient propres à prévenir les dégâts et les désastres causés par les torrents. Du rétablissement de la végétation gazonnante ou forestière, il n'était pas question.

L'opinion s'en étonna. Du moment que l'absence d'obstacle à la graduelle répartition des eaux fluviales sur les versants montagneux était reconnue, officiellement et par le plus haut dignitaire de l'État, comme la cause principale et même unique des immenses dégâts causés par les crues d'eaux brusques et violentes, l'esprit public ne concevait pas que l'on ne mît point, au premier rang des préservatifs à créer, le rétablissement de la végétation sur les pentes dénudées. De ce mouvement d'opinion naquirent successivement les lois du 28 juillet 1860 et du 8 juin 1864.

Ce n'était toutefois encore qu'une législation d'essai. On avait d'abord prescrit des mesures pour le reboisement d'un certain nombre de bassins montagneux, les plus dégradés, les plus décharnés et dont les ravages étaient les mieux caractérisés. Dix millions devaient être affectés en dix ans à ces travaux, à raison d'un million par an. Faible, beaucoup trop faible s'il se fût agi d'une opération normale et définitive, ce chiffre, en tant qu'appliqué à un premier essai, ne laissait pas d'être important (1).

Le plus grand obstacle auquel se heurtèrent tout d'abord les agents forestiers chargés, dès 1861, d'appliquer la loi de 1860 et de commencer les travaux, ce ne fut pas la difficulté de faire naître une végétation quelconque sur des

---

(1) La dotation annuelle d'un million fut, du reste, augmentée après l'expiration des dix premières années et portée à 2 500 000 fr.

pierres roulantes ou des roches nues ; ce ne fut pas non plus celle de procéder à des travaux d'art préparatoires singulièrement compliqués dans des terrains à pentes abruptes et sans assiette solide ; ce ne furent davantage ni l'installation de chantiers de travail et d'équipes d'ouvriers à des altitudes de deux à trois mille mètres en des points presqu'inaccessibles, ni la descente de gardes forestiers attachés avec des cordes au fond des précipices pour y semer quelques poignées de graines de sapin... Ce fut la résistance acharnée, violente parfois, des populations pastorales des montagnes. Pas de reboisement possible sans interdiction du pâturage sur les parties à reboiser ; et d'ailleurs le piétinement du sol par les moutons, l'arrachement des racines du dernier brin d'herbe par leurs museaux aigus, constituent à eux seuls une aggravation sérieuse au mal existant, au mal auquel il s'agit de remédier. Mais interdire le pâturage à des populations qui en vivent au jour le jour, c'est en réalité une sorte d'impossibilité morale avec laquelle on ne pouvait se dispenser de compter. On ne pouvait guère espérer en la persuasion, là où des désastres bien autrement éloquents que tous les arguments et toutes les paroles étaient impuissants à modifier des habitudes, une routine, entées sur l'intérêt présent et immédiat chez les riches, sur le besoin journalier chez les pauvres.

Il fallait faire la part du feu. On crut reconnaître que, dans certains cas, la reconstitution du gazonnement suffirait à faire naître les résultats jusqu'alors cherchés, d'une manière exclusive, dans le reboisement.

On pensa aussi qu'en améliorant les pâturages non encore détruits, de manière à leur faire produire une nourriture plus abondante pour le bétail, on déciderait plus aisément les habitants à céder des pâtures plus ou moins ruinées, puisqu'aussi bien on leur fournirait la possibilité d'élever, grâce aux accroissements de production obtenus ailleurs, le même nombre de bêtes. Enfin, si l'on pouvait substituer peu à peu, au pâturage des moutons, celui de l'espèce bovine, au moins dans toutes les parties de montagnes qui lui sont accessibles, un grand résultat serait obtenu; car le pâturage des vaches, au sabot arrondi et largement fendu, au vaste museau, aux mouvements amples et non saccadés, à la dent qui tond mais n'arrache point et respecte les racines, est infiniment moins destructeur, pour la végétation et le sol, que celui des moutons aux attributs tout contraires.

C'est pour satisfaire à ces conditions particulières que fut préparé, pour compléter la loi de 1860 sur le reboisement, le projet qui devint, à la date du 8 juin 1864, la loi sur le gazonnement des montagnes. En vertu de cette loi, les terrains de montagne dont la consolidation est devenue nécessaire, « peuvent être, suivant les besoins de l'intérêt public, ou gazonnés sur toute leur étendue, ou en partie gazonnés et en partie reboisés, ou reboisés en totalité. »

Il n'est pas encore bien prouvé que le simple gazonnement, là où il s'agit de rendre possible, avec le concours ultérieur du temps, la reconstitution, relativement au sol, d'un état de choses violemment et depuis longtemps ruiné et détruit, soit aussi efficace que la haute végétation ligneuse ou même que l'embroussaillement. Du moins la loi de 1864 a-t-elle fourni aux agents forestiers le moyen de donner une certaine satisfaction aux réclamations à quelques égards justifiées des populations pastorales, et de diminuer, dans une mesure qui put permettre d'agir, leurs répugnances et leur opposition. Les plaintes, les réclamations, les récriminations même, n'ont pas cessé pour cela ; il faut bien s'attendre à ce que, quoi qu'on fasse, elles ne s'arrêtent jamais entièrement tant qu'il restera quelque chose à faire. Sauvegarder l'intérêt général comme celui de l'avenir aux dépens des intérêts particuliers et du présent, est toujours une tâche ingrate et qui exige, de la part de ceux qui l'assument, une abnégation, un dévouement au bien public, un sentiment du devoir supérieurs aux approbations de la foule et à la recherche de la popularité.

Il y a d'autant plus de mérite à savoir résister à de telles réclamations ou du moins à ne leur céder que dans la mesure restreinte où cette concession ne compromet point les intérêts que l'on a mission de servir, que la plupart du temps ces réclamations sont, dans leurs exagérations mêmes, présentées avec une parfaite bonne foi et une entière sincérité.

On en peut trouver un exemple dans le rapport présenté à l'Assemblée nationale de 1871 dès les premiers mois de son existence, au nom de la commission des travaux d'amélioration agricole et du service hydraulique. L'auteur de ce rapport, tout en reconnaissant très loyalement et très complètement les excellents résultats, déjà constatés, de l'application de la loi de 1860, ne s'en fait pas moins l'écho des plaintes et de l'irritation des populations pastorales, contre ce qu'il appelle « une dépossession d'usages séculaires », et conclut à une modification importante de la législation sur la matière, dans le sens de la priorité à donner aux travaux de gazonnement.

Il fallait, en tout cas, procéder à une législation d'une plus grande portée que la législation d'essai sur laquelle on avait agi jusqu'alors, et modifier celle-ci en raison même de l'expérience acquise par son application. Ce ne fut qu'en avril 1876 que fut présenté le nouveau projet de loi, lequel, voté par la chambre des députés le 22 février 1877, fut rejeté par le sénat, puis retiré par le gouvernement, qui en présenta un autre le 26 mai 1878. Ce dernier, après toute une série de vicissitudes, et fortement amendé par la commission du sénat chargée de l'examiner, fut adopté par la haute assemblée, et finalement voté d'urgence par la chambre basse le 29 juillet 1881.

Nous n'avons ni à examiner ni à apprécier en ce moment ces dispositions nouvelles qui n'ont pas encore eu le temps d'être appliquées. Grâce à la loi annuelle des finances, la mise en pratique de la législation d'essai prévue pour dix années seulement a pu être poursuivie jusqu'à présent. C'est de cette application qu'il sera intéressant d'étudier les principaux résultats, alors que nous aurons pu, au préalable, nous rendre compte avec quelque détail, à l'aide des importants travaux de MM. Surell, Scipion Gras, Cézanne, ingénieurs des ponts et chaussées et des mines, Costa de Bastelica, Demontzey, conservateurs et Marchand sous-inspecteur des forêts, du mode de formation, de progression et d'action dévastatrice des torrents, ce que l'un de ces auteurs, feu M. le conservateur Costa de Bastelica, d'honorée et regrettable mémoire, désigne par l'expression heureuse de « lois de la torrentialité. »

IV.

DE L'USAGE ABUSIF DES MONTAGNES PASTORALES.

Avant d'aborder cette question fondamentale, il ne semblera pas inopportun, sans doute, d'examiner d'abord le fonctionnement des causes préalables qui rendent possible la naissance des causes immédiates des torrents, que les influences météoriques n'eussent point, à elles seules, suffi à creuser, ou du grossissement, jusqu'aux proportions d'un désastre, des crues normales des torrents permanents.

Nous avons imputé ces causes préalables à deux ordres de faits : les anciens défrichements et l'abus du pâturage. L'ère des défrichements en montagne peut être considérée comme désormais close. Mais le pâturage ou pacage subsiste et subsistera toujours, et ce n'est pas tant, d'ailleurs, son usage en lui-même que son exercice abusif qui provoque le mal. Alors, en quoi consiste l'abus, en quoi consisterait l'usage légitime, en quoi consisterait surtout l'usage entiè-

rement inoffensif? La réponse, j'entends une réponse plausible et convaincante, à de telles questions, ne saurait se
traduire de prime abord par quelques préceptes sentencieux, par une sorte d'énoncé de théorèmes que des développements explicatifs suffisants n'auraient pas justifiés. Elle
doit résulter seulement de l'observation des faits et des
inductions qu'autorise la comparaison de ces faits entre
eux. Quelques indications sommaires données un peu plus
haut ne sauraient suffire et constituer une réponse suffisante et précise. Cherchons les éléments d'une solution plus
complète dans l'examen de ce qui se passe sur les montagnes du massif des Alpes occidentales, et plus spécialement
dans la partie française de ce massif.

Celle-ci se compose de tout le revers occidental. Sa
limite à l'est est formée par la ligne de faîte qui, partant
de Nice, se dirige du sud au nord vers l'extrémité orientale du lac de Genève et se tient constamment à de hautes altitudes, variant de 2 000 à 4 800 mètres. Celles-ci
décroissent graduellement en s'abaissant du côté du sud,
jusqu'à la Méditerranée, du côté de l'ouest et du nord,
jusqu'au Rhône qui, coulant d'abord de l'est à l'ouest,
forme brusquement coude à Lyon pour courir du nord au sud
à partir de cette cité. La région ainsi délimitée représente
une espèce de quadrilatère, d'une forme approchant du parallélogramme, et mesurant 75 à 78 lieues de longueur du
nord au sud, sur 45 à 50 lieues de largeur de l'est à l'ouest:
elle comprend l'ancien duché de Savoie avec le Dauphiné,
le comtat d'Avignon, la Provence et le comté de
Nice (1).

La contenance superficielle de cette enceinte est de
56 000 kilomètres carrés dont 17 600 appartiennent à la
plaine, en sorte qu'il reste 38 400 kilomètres carrés pour
la partie montagneuse, autrement dit 3 840 000 hectares,

(1) La division administrative de ces divers pays se répartit aujourd'hui
entre les dix départements de Savoie et Haute-Savoie, Isère, Drôme, Hautes
et Basses-Alpes, Vaucluse, Bouches-du-Rhône, Var, Alpes-Maritimes.

limités à l'ouest par une ligne idéale qui, partant de Toulon, passerait par Apt en Vaucluse, Nyons (Drôme), Saint-Marcellin (Isère), Saint-Genis (Savoie). Cette région montagneuse est la plus déboisée de tout le massif des Alpes, en y joignant toutefois le versant italien : le pâturage des bêtes à laine y est pratiqué plus que partout ailleurs, en raison des deux grandes stations d'hivernage qui la flanquent de part et d'autre : la haute Italie et la basse Provence. La nature généralement calcaire du sol (et peut-être aussi le caractère des habitants), n'est pas étrangère non plus à cet excès de déboisement : le fait est que dans le Tessin, le canton le plus maltraité, sous ce rapport, de toute la Suisse, mais où le sol est très principalement formé de gneiss et de micaschistes, c'est la végétation qui triomphe en définitive dans la lutte engagée par l'homme contre elle, à l'inverse de ce qui a lieu sur la partie la plus occidentale de la chaîne (2) où les formations cristallines ou primitives ne sont guère qu'une exception (3). En tous cas les Alpes françaises sont essentiellement pastorales : c'est une conséquence du climat rigoureux résultant de leurs hautes altitudes, de l'extrême difficulté de leur parcours et de la profondeur de leur masse. La répartition des cultures en fournit d'ailleurs la preuve, puisque, pour 1 125 000 hectares de terres labourables, on y trouve 1 485 000 hectares affectés à la production de l'herbe, dont la majeure partie (1150 mille hectares) à l'état de pâturage : les 1230 mille hectares restants se partagent en masses rocheuses et glaciers pour 280 000 hectares, et en bois et forêts pour le surplus ou 950 000 hectares.

Soit, en commençant par le fond des vallées et se dirigeant de bas en haut, la distribution suivante :

(2) Cf. L. Marchand, *Les torrents des Alpes et le pâturage.* — In-8o, 1872. — Arbois, Saron.

(3) Voir la carte géologique de France d'Élie de Beaumont.

Terres labourables	1 125 000	hectares
Prairies artificielles	90 000	—
Prairies naturelles	245 000	—
Bois et forêts	950 000	—
Pâturages	1 150 000	—
Roches supérieures à la limite de la végétation et glaciers .	280 000	—
	3 840 000	— (1)

Sur ces chiffres, si nous tenons compte de 300 000 hectares à reboiser (2)... ou à gazonner (3), et si nous admettons que le gazonnement s'étendra sur moitié de cette contenance, nous aurons seulement 150 000 hectares à ajouter, si ce chiffre est jamais atteint, aux 950 000 hectares de bois existants, et il restera toujours un million d'hectares conservés au pâturage et appartenant pour la plus grande partie aux communes (en totalité dans les altitudes supérieures, pour les trois quarts dans les régions moyennes, et pour moitié seulement dans les parties basses).

Or l'exploitation de ces pâturages, — et c'est là le plus grand abus, — ne se fait pas seulement, par les habitants, pour du bétail leur appartenant. De temps immémorial

(1) Ces chiffres, ainsi que la plus grande partie des données statistiques contenues dans ce chapitre et le suivant, sont empruntés à un travail déjà cité, sur l'*Exploitation des pâturages dans les Alpes*, publié en 1865, par M. le conservateur Du Guiny (alors sous-inspecteur à Grenoble) dans la *Revue des eaux et forêts*. De tous les écrits parus, à notre connaissance, sur cette question du pâturage dans les Alpes françaises, c'est celui qui nous a semblé le plus complet et le plus solidement établi.

(2) Rapport du ministre des finances sur le reboisement des montagnes, du 2 février 1860. Cf. le *Moniteur universel* du 3 février 1860. Partie officielle. Le chiffre exact, 304 246 hectares, ne comprend pas les deux départements de la Savoie, ni le comté de Nice non encore annexés. — La totalité des surfaces à reboiser dans les diverses montagnes du Midi et du Centre : Alpes, Pyrénées, Cévennes, Auvergne, etc., s'élève au chiffre de 1 133 743 hectares, savoir : à l'Etat, 40 110 hectares; aux communes, 532 846 aux particuliers, 560 787.

(3) Loi du 8 juin 1864.

500 000 moutons (1) quittent, au mois de juin de chaque
année, soit les plaines brûlantes de la Camargue et de la
Crau, soit les contrées basses du Piémont, pour s'en aller,
par troupeaux de 1000 à 1200 têtes, chercher dans les
Alpes de la fraîcheur et de l'herbe (2). Ce bétail appartient
à de grands éleveurs du Midi, à des spéculateurs étrangers ou à de riches habitants de la plaine. Les montagnards
ne possèdent chacun moyennement, qu'un petit nombre de
moutons; mais ils reçoivent, pour les transhumants, un prix
de location variant de 1 fr. à 1 fr. 25 par tête pour chaque saison de juin à octobre. Ces troupeaux énormes sont
hors de toute proportion avec les ressources des pâturages,
et c'est là le plus grand mal. L'herbe dévorée jusqu'à la
racine dépérit, les jeunes arbres sont foulés et écrasés ; le
sol piétiné, soulevé par des milliers d'ongles pointus, est
bientôt emporté dans le lit des torrents. « Est-il juste de
tolérer cette exploitation de la montagne par la plaine » (3)?
dit M. Ch. de Ribbe. C'est non seulement injuste, mais c'est
encore contraire à l'intérêt, même immédiat, des propriétaires, communes ou particuliers, des pâturages ; car, tandis que le prix de fermage qui leur est alloué ne dépasse
pas 1 fr. 25 par tête, le bétail indigène donne un bénéfice
de 4 fr. par mouton, de 8 à 10 fr. par brebis. — Ne nous
occupons pas des brebis. Si le fermage payé pour 1000 mou-

(1) C'est le chiffre donné par le préfet des Basses-Alpes à la session du
Conseil général de 1856. — En 1790, M. J. E. Michel, administrateur des
Bouches-du-Rhône, dans un mémoire intitulé : *Observations sur le com-
merce des bêtes à laine dans le département des Bouches-du-Rhône, des
Basses-Alpes et du Var*, évaluait à 390 000 le nombre des bêtes à laine
montant annuellement des pâturages d'hiver à ceux d'été. — D'autres por-
tent ce nombre à 600 000. — Un seul canton des Hautes-Alpes qui compte à
peine 2 500 habitants, le Dévoluy, fournit des pâturages à plus de 35 000 bêtes
à laine. Cette vallée, autrefois très boisée, a été presque complètement dénudée par le pacage des chèvres et des moutons. (Cf. Ch. de Ribbe : *La
Provence, etc.* Alex. Surell : *Les torrents des Hautes-Alpes*).

(2) D'autres troupeaux de moutons s'en vont chercher les mêmes éléments
d'existence et exercer les mêmes ravages dans les montagnes des Pyrénées-
Orientales, de l'Aude, de l'Ariège, de la Haute-Garonne.

(3) *Loc. cit.*, p. 161.

tons transhumants est de 1250 fr., le produit de 1000 moutons indigènes serait de 4000 fr. Et déjà l'on peut voir qu'on obtiendrait le même rendement avec 150 ou 160 mille bêtes à laine indigènes qu'avec les 500 000 transhumants. Résultat à lui seul considérable, car il est évident que, toutes choses égales, 160 000 animaux feraient trois fois moins de mal que 500 000. Mais ce n'est pas tout. Les moutons et brebis du pays exercent une action beaucoup moins nocive que celle des moutons d'*Arles* ou de *Provence*, des moutons du *Midi*, des troupeaux transhumants en un mot. Ceux-ci marchent toujours en masse, dit M. du Guiny, « et là où un mouton passe, cent moutons passent. » Cette disposition, qui tient à la race, est considérablement développée par la longueur du voyage et par le cheminement prolongé sur les routes qui en est la conséquence.

D'ailleurs, sur le sol de rocailles et de cailloux des plaines de la Provence, l'herbe est rare et maigre ; les moutons, pour y vivre, doivent, des pattes et du museau, soulever les pierres et aller chercher au-dessous d'elles, pour la dévorer, la racine même des plantes. L'habitude une fois prise, ils la transportent sur le sol léger, à peine adhérent souvent, des versants rapides de la montagne, et Dieu sait quels dégâts s'ensuivent ! Ils y arrivent, d'autre part, affamés par une longue route, au moment du renouveau du printemps, et c'est à l'herbe naissante et tendre qu'ils s'attaquent pour n'en pas laisser trace : si bien que l'on peut suivre pas à pas, et par l'absence de toute végétation, le passage d'un troupeau transhumant sur les pelouses qu'il vient de traverser. Ainsi, toute question de dévastations torrentielles mise à part, la transhumance est une ruine à court terme pour les populations montagnardes, et l'on peut dire avec vérité, comme le remarque spirituellement M. du Guiny, que les habitants des Alpes font preuve *d'une complaisance héroïque* en recevant les troupeaux de Provence, qui payent cette hospitalité par la ruine des pâturages où ils sont admis. Sur plus d'un point les populations se rendent bien compte des fâcheux effets d'un tel état de choses, d'autant plus que souvent la multitude même des bêtes transhumantes ne laisse plus de place aux habitants pour faire pacager les leurs propres, et les oblige à louer à cette fin des pâturages plus éloignés. De plus le mouton d'Arles fait concurrence à celui du pays, au moins dans la Savoie, pour la laine et pour la viande.

Malgré tout, cependant, une aussi funeste condition se maintient encore assez généralement, tant il est difficile de rompre avec la routine et les habitudes une fois prises !

Les moutons indigènes ne présentent pas autant d'inconvénient par eux-mêmes. Répartis entre les hameaux, ils forment rarement des troupeaux de plus de 100 ou 200 têtes à la fois, et n'ont pas les allures désordonnées qui distinguent les transhumants. Ils ne sont point, toutefois, inoffensifs et accusent les inconvénients inhérents à l'espèce : pieds coupants, habitude de rompre l'herbe par un mouvement saccadé du museau au lieu de se borner à la tondre au ras du sol. Les inconvénients de leur pâturage s'ajoutent donc, malgré tout, à ceux des troupeaux étrangers, et si l'on observe que leur nombre, dans la région montagneuse qui nous occupe, s'élève à quinze ou seize cent mille, on se rendra compte de l'appoint considérable qu'ils apportent malgré tout à l'action ruineuse des transhumants.

Il y a à tenir compte aussi du pâturage des chèvres. Celles-ci sont au nombre de cent cinquante mille. Or la chèvre est, à certains égards, plus nuisible encore que le mouton : si son pied est plus large et un peu moins coupant, le poids de l'animal est aussi plus considérable. Il grimpe partout. Les rochers les plus escarpés lui sont accessibles, et de vastes étendues de pierres roulantes n'arrêtent point sa marche. D'autre part, la bête caprine attaque les jeunes tiges des arbres avec une voracité extrême, et les atteint à une plus grande hauteur, étant généralement un peu plus élevée sur pattes, mais surtout se dressant sur celles de derrière pour rechercher tout ce qu'elle peut atteindre. Tous les bourgeons des arbres broutés par les chèvres sont coupés au fur et à mesure qu'ils se montrent, et souvent le bois tendre lui-même est rongé. « Il en résulte que de nouveaux bourgeons apparaissent en grand nombre, mais pour être attaqués à leur tour : de là cette ramification confuse, serrée, en balai, caractéristique des bois abroutis. Lorsque la plante est épuisée, qu'elle ne peut plus produire de nouveaux bourgeons, elle se dessèche (i). » Cependant on ne saurait proscrire d'une manière absolue cette « vache du pauvre », comme on désigne la chèvre ; et si l'on se bornait à ne la conduire, au sortir de l'étable, que sur les escarpements rocheux des formations primitives qu'elle seule peut atteindre et où croissent des touffes d'une herbe de qualité supérieure ; si l'on évitait avec soin de la laisser aller sur les roches sédimentaires, presque toujours ou plus moins friables, on la pourrait conserver sans danger et avec grand profit : car elle rend, assure-t-on, 100 pour 100 de sa valeur. Malheureusement on ne s'inquiète guère, en général, de suivre ces sages indications de la nature : les chèvres vont n'importe où, souvent abandonnées, sans berger, pendant tout l'été, au milieu des rochers, se dirigeant partout où leur instinct aventureux les pousse.

Un tel état, plus particulièrement accusé dans quelques parties du Tyrol, dans le Tessin et sur les versants piémontais mais surtout français de la chaîne des Alpes, se retrouve, en des conditions analogues et à un degré plus

---

(1) L. Marchand, *loc. cit.*, p. 99. — Bien que nous ne nous occupions ici que des pâturages et point, pour le moment, des forêts, ces indications relatives au phénomène d'abroutissement sur les jeunes arbres ne sont point déplacées. Les chèvres mal surveillées (souvent elles ne le sont pas du tout) s'échappent parfois dans les forêts avoisinant les pacages. Dans ceux-ci même, des bouquets de bois, des arbres isolés, se rencontreraient encore assez souvent, si la dent meurtrière des bêtes ovines et surtout caprines n'en dévorait la substance au fur et à mesure de leur développement.

ou moins accentué, dans tous les massifs orographiques de la France, si l'on en excepte toutefois le Jura et les Vosges. Et cependant, s'il est de nécessité urgente de reboiser les versants les plus ravinés et qui menacent de ruine immédiate, on ne saurait songer à reboiser les deux millions et plus d'hectares de pâturages livrés à la dépaissance dans ces montagnes (1). Le voulût-on, qu'il faudrait reculer devant une dépense hors de proportion avec les ressources mêmes d'un grand État; et d'ailleurs, on l'a dit, ces pâturages sont nécessaires dans des régions alpestres où la culture proprement dite est, le plus souvent, ou matériellement impossible, ou plus dangereuse encore que le pacage. D'autre part, telles sont les aptitudes végétatives exceptionnelles de ces sols montagneux, à ces hautes altitudes, que si peu qu'il reste encore quelques parcelles de terre végétale sur ces rochers incessamment piétinés, si peu que quelques radicelles de brins d'herbe aient échappé, de ci de là, à la dent vorace du mouton ou de la chèvre, il suffit d'une *mise en défends* de quelques années, pour que le versant dénudé reverdisse, pour que l'herbe repousse et gagne de proche en proche, et que le sol se reconstitue peu à peu. On sait que la mise en défends consiste dans la soustraction à l'exercice du pacage, pendant un temps plus ou moins long, d'un canton déterminé de bois, de pré ou de pâture. Mais pour que cette mesure puisse être appliquée avec ensemble et, par suite, avec une efficacité suffisante, il faut que l'autorité publique ait le droit d'intervenir et de l'imposer; et sous l'empire des lois de juillet 1860 et de juin 1864, c'est-à-dire jusqu'à présent, elle ne le pouvait que dans l'intérieur des périmètres obli-

(1) L'étendue des seules propriétés *communales* affectées à la dépaissance commune est de 2 700 000 hectares, dont deux millions sont situés dans les Alpes, les Pyrénées et les montagnes du centre de la France. (Cf. Rapport de M. de Forcade la Roquette, ministre des finances, approuvé par l'empereur le 7 novembre 1861, et proposant au chef de l'État la désignation d'une commission mixte pour l'application des deux lois sur le reboisement des montagnes et sur la mise en valeur des terrains communaux).

gatoires ou dans les terrains communaux dans lesquels des travaux de reboisement et gazonnement étaient entrepris à l'aide de subventions allouées par l'État (1). Ce n'est que dans des cas exceptionnels que des propriétaires, communes ou particuliers, ont eu le courage de s'imposer d'eux-mêmes un sacrifice momentané pour restaurer leurs pâturages et améliorer l'avenir.

Quand une pluie violente tombe sur un versant tapissé par un gazon plantureux et solidement enraciné, ce gazon, sans doute, n'intercepte pas une grande partie de l'eau reçue, comme le fait une forêt, tant par sa feuillée que par la couche spongieuse de détritus qui couvre son sol; il en retient cependant une petite portion, celle qui reste adhérente à la surface de chaque brin d'herbe et à ses racines, et retarde toujours quelque peu l'écoulement du surplus ; mais surtout il protège contre le ravinement, par son réseau radiculaire, le terrain qui l'alimente. Aussi longtemps que l'eau ne rencontre qu'une surface bien enherbée, elle coule claire et à peu près pure de toutes vases, boues, rocailles, pierres : tout au plus donne-t-elle lieu, plus bas, à des torrents d'eau claire dont les ravages sont incomparablement moindres que ceux des torrents vaseux, qui prennent naissance sur les versants dont le tapis végétal a été détruit et qui, une fois parvenus à un certain volume et en possession d'une certaine vitesse acquise, balayent, broyent et détruisent tout sur leur passage.

Si donc les pâtures avaient été soigneusement aménagées et n'avaient jamais été livrées au parcours du bétail que conformément à leur *possibilité*, pour employer ici un mot de la technologie forestière parfaitement applicable à la circonstance, les désastres que l'on a eu à déplorer jusqu'ici eussent été infiniment moins graves. — Et quant à

(1) Art. 2 et 21 du décret impérial du 10 novembre 1864 portant règlement d'administration publique pour l'exécution combinée des deux lois des 28 juillet 1860 et du 8 juin 1864.

l'avenir, il serait suffisamment sauvegardé par une bonne réglementation de l'exercice du pâturage efficacement contrôlée et ayant pour effet de n'admettre par hectare que le nombre de têtes reconnu comme étant proportionné à la quantité d'herbe que la saison peut fournir sur cette étendue, et de régler convenablement l'époque et la durée du parcours ; mieux encore, de combiner ces mesures essentielles avec certaines substitutions d'espèces animales dont nous ne tarderons pas à parler. Complétées au début par les mises en défends reconnues indispensables, ces mesures pourraient prévenir la ruine de toute la partie des régions montagneuses dont l'état de dégradation est moins avancé et ne nécessite pas d'urgence les travaux de consolidation, de reboisement et de regazonnement artificiels qui ont fait jusqu'ici l'objet exclusif de la législation sur la matière.

En arrivera-t-on jamais là ? Grâce à la loi nouvelle on peut l'espérer : or, au témoignage d'un homme bien compétent en pareille question, « la restauration vraie, durable des Alpes est à ce prix. Il faudrait que ce qui est pour les forêts fût aussi pour les pâturages, et cela pour des raisons complètement identiques; ils devraient être *soumis au même régime* (1). » Une remarque très importante, du reste, doit être faite ici : c'est que, le plus souvent, là où la propriété privée détient les pâturages, les dégâts sont très sensiblement moindres que là où ils sont propriété communale, ce qui est malheureusement, comme on l'a vu, le cas de beaucoup le plus fréquent. Les pâturages appartenant à des particuliers ont été généralement exploités avec modération et prévoyance, et là où ils se rencontrent sur une étendue suffisante en ces conditions, le pays revêt, dit M. Mathieu, un aspect relativement riant qui ne lui est pas habituel.

---

(1) A. Mathieu, sous-directeur de l'École forestière de Nancy et professeur d'histoire naturelle à ladite école : Mémoire sur *Le reboisement et le regazonnement des Alpes*, p. 15 (Paris, Hennuyer, 1865), écrit après une inspection générale et minutieuse des lieux, faite en 1864 à la suite de la promulgation de la loi du 8 juin.

Ce savant cite, à l'appui de son observation, un exemple fort curieux que nous donnerons en substance.

De Digne à Seyne (Basses-Alpes), on traverse successivement deux vallées de conditions parfaitement analogues comme sol, climat, situation, altitude. Mais la première, que l'on remonte en partant de Digne, ne laisse voir — ou plutôt ne laissait voir, à l'époque où écrivait notre auteur, — que des montagnes ravinées, ébréchées, en ruines et n'offrant d'autres traces de végétation que quelques reflets de verdure naissante fixée de place en place et à grand'peine par l'incessant effort des agents forestiers, dans l'étendue du périmètre obligatoire appelé le Labouret. Un peu plus loin, en descendant vers Seyne, de la verdure partout : champs, prairies, pâturages, forêts. Point de ravinements sur les versants, mais des murs qui, de place en place, les divisent en terrasses. Fourrages abondants et par suite stabulation produisant un engrais que l'on utilise, enfin gros bétail, en place de chèvres et de moutons. D'où vient une différence aussi fondamentale? Ici, le long de la vallée de Digne, la ruine, la misère, la mort (1), là, au regard de Seyne, l'aspect d'une nature riante, de l'abondance et de la vie. C'est que, sur les versants de la vallée qui avoisine

---

(1)Hâtons-nous d'ajouter que ce contraste n'existe plus aujourd'hui au moins, avec ce caractère d'antithèse violente, grâce aux travaux commencés seulement lorsque M. Mathieu faisait sa reconnaissance en 1864, mais aujourd'hui terminés. Le torrent intermittent et furieux du Labouret a fait place à un ruisseau permanent qui s'écoule inoffensif sur une série de paliers à pentes minimes aboutissant à une série de chutes, de manière à racheter ainsi la pente énorme de l'ancien lit. Les versants jadis noirs, désolés et instables sont aujourd'hui couverts d'une végétation serrée : plantes fourragères, broussailles variées, jeunes arbres feuillus et résineux. Les ravinements qui les déchiraient ont disparu sous les fascinages vivants construits en plançons et boutures et sous les brins plantés dans les atterrissements qui s'en sont suivis. — Mais, pour obtenir cet important résultat, il a fallu des travaux énormes dont la dépense, pour une superficie de 113 hectares, ne s'est pas élevée à moins de 93 000 francs. (Cf. *Monographies des travaux exécutés dans les Alpes, les Cévennes, et les Pyrénées*. 1861-1878. — Paris, Imprimerie nationale).

Digne, la propriété et l'exploitation sont communales, sans contrôle, imprévoyantes ; tandis que du côté de Seyne, la propriété est privée et que, là où dominent la culture et le pâturage, l'intérêt particulier, quand il est éclairé, est plus apte que tout autre à sauvegarder l'intérêt général.

Ce n'est pas seulement par une dépaissance excessive et sans règle que l'on a, après les anciens défrichements de forêts, abusé du sol des montagnes. C'est aussi par le défrichement des pâturages eux-mêmes. Car, malgré l'ordonnance de Louis XIV *sur le fait des eaux et forêts* (1669) qui interdisait les défrichements non seulement dans les forêts mais aussi « sur les terrains en pente *non boisés* », les tribunaux n'ont jamais réprimé que les défrichements des terrains boisés, admettant, inconsciemment sans doute, cette confusion, si fréquente dans le langage, entre *défrichement* et *déboisement*.

Quant aux prescriptions, à cet égard, du code forestier et de la loi de 1859, elles ne s'appliquent qu'au défrichement des forêts, c'est-à-dire au déboisement *par voie de défrichement*, et sont tout à fait impuissantes à prévenir le déboisement par un autre procédé (1). Souvent les pâtures com-

(1) En effet, s'il s'agit surtout d'un bois peuplé d'essences feuillues, aucune disposition législative n'interdit à un propriétaire de faire coupe rase de sa forêt, de couper à *blanc étoc*, pour employer l'expression consacrée. Cela ne constitue pas un défrichement, d'autant plus que les souches des arbres coupés, si ces arbres ne sont pas trop vieux, ou mieux encore s'il s'agit de rejets de taillis, devront donner du recrû. Mais aucune disposition législative, d'autre part, n'interdit au particulier d'introduire du bétail, en aussi grande quantité qu'il le voudra, dans la forêt lui appartenant qu'il vient de raser : après un petit nombre d'années de ce régime, tous les jeunes rejets des souches auront été dévorés au fur et à mesure de leur sortie et les souches auront fini par périr. La forêt d'il y a quelques années aura passé à l'état de vague ou de lande ; elle aura été détruite sans qu'il y ait eu défrichement proprement dit, et son destructeur ne sera passible d'aucune peine, n'ayant contrevenu directement à aucune disposition de la loi. — Observons toutefois que, en ce qui concerne les bois résineux qui ne repoussent pas de la souche, la jurisprudence tend à suppléer à l'insuffisance, en ce point, de la législation. Des tribunaux ont décidé, — sans que cette doctrine, à notre

munales les plus rapprochées des villages ont été partagées par lots entre les habitants, puis écobuées et passées à la charrue. Après un petit nombre de récoltes de céréales ainsi obtenues, le sol épuisé était abandonné à lui-même, et l'opération recommencée un peu plus loin. Dès qu'une averse vient à tomber sur ces terres en pente que le fer et le feu ont ainsi privées de toute cohésion, elle les détrempe et les emporte le long des versants et jusqu'au fond des vallées (1), plus rapidement encore que celles qui ont supporté seulement l'abroutissement et le piétinement des moutons.

V.

LE PACAGE DES VACHES ET LES ASSOCIATIONS FROMAGÈRES.

Ne jamais défricher les pâturages en pente ; proportionner toujours le nombre d'animaux admis au parcours à la capacité de production herbacée, autrement dit à la *possibilité* des cantons à parcourir ; éconduire le plus possible les troupeaux transhumants, en tout cas ne les admettre qu'à titre accessoire et autant seulement qu'il resterait des cantons libres, les troupeaux indigènes étant tous pourvus ; soumettre les moutons transhumants comme les autres, plus que les autres même, à la condition de possibilité des pâturages (2) ; enfin ne laisser commencer la

connaissance, ait été contestée, — que le fait de couper à blanc étoc une forêt de pins ou de sapins, sans avoir fait suivre cette opération de travaux de repeuplement sérieusement exécutés et indiquant l'intention formelle de rétablir la nature de bois de la propriété, constituait une infraction à l'article 219 du code forestier et tombait sous l'application des articles 219 et 221 de ce code.

(1) Cf. Surell, *Torr. H-Alp.*, t. I, p. 175. — Mathieu, *Reb. et regaz Alp.*, p. 13.

(2) C'est-à-dire qu'il faudrait que les propriétaires des pâturages fissent la loi aux pasteurs du Midi, au lieu de la recevoir. (Du Guiny, *Revue des eaux et forêts*, année 1865, p. 479.)

dépaissance que quand l'herbe nouvelle a pris assez de force pour n'être pas détruite au premier abroutissement ; voilà les règles qui semblent s'imposer tout d'abord pour empêcher l'us, en matière de pacage en montagne, de tourner à l'abus.

Quelque salutaires et de première nécessité que soient de pareilles restrictions, il est aisé de comprendre que, dans les pâtures communales tout au moins, elles soient irréalisables par le seul bon vouloir des communes, des propriétaires de bestiaux et de leurs bergers. Or les pâtures communales sont, on l'a vu, de beaucoup les plus nombreuses : dans le seul Briançonnais, les communes possèdent les seize dix-septièmes du sol (1) ! Il sera donc nécessaire que, tôt ou tard, l'on en arrive à soumettre tous les pâturages de montagne, les *Alpages*, comme les appellent nos voisins de la confédération helvétique, à la gestion ou tout au moins au contrôle de l'administration. Par ce moyen, la réglementation indispensable à la conservation des montagnes elles-mêmes pourra être sérieusement observée.

Mais il est une mesure plus efficace encore que tout ce qui vient d'être dit, mesure qui ne peut sans doute faire l'objet d'aucune prescription, mais qui ne saurait être trop encouragée. Nous voulons parler de la substitution du gros bétail au petit dans tous les alpages dont l'accès n'est pas impossible aux vaches ; et avec la création d'une bonne viabilité, mesure qui compléterait toutes les autres, il n'y aurait plus guère que les rochers à chèvres des hauts sommets, dont nous avons dit un mot précédemment, auxquels aucune race bovine ne pourrait atteindre.

Cette importante question de la propagation des vaches dans les montagnes pastorales, jusqu'ici livrées presque exclusivement aux moutons et aux chèvres, demande quelques développements.

Les montagnes de la chaîne du Jura qui occupent toute

____

(1) Mathieu, *loc. cit.* p. 14.

la partie orientale des districts français de l'Ain, du Jura et du Doubs, comme celles qui appartiennent à la Suisse, sont également des montagnes pastorales. Cependant elles forment une région riche, prospère et peuplée (1). La feuillée sombre des forêts de sapins et d'épicéa, ou celle, plus gaie, des massifs de hêtre, y alterne sur les versants avec la verdure d'un clair éclatant des pâturages au gazon serré, et les cultures richement fumées sur les plateaux et dans le fond des vallons. De grandes vaches rouges ou blanches, ou, dans certaines parties plus escarpées, petites et noires, se suspendent aux flancs des montagnes jurassiennes dont elles tondent doucement l'herbe parfumée, ou ruminent paisiblement dans les près-bois, couchées à l'ombre des bouquets d'arbres que la prévoyance des habitants a su y réserver. Peu ou point de moutons ; du moins ceux, en très petit nombre, que l'on y rencontre sont-ils conduits de préférence dans les champs après la récolte, ou dans quelques pâturages spéciaux ; mais l'accès du pâturage des vaches leur est interdit, car celles-ci ne broutent plus là où le mouton a passé, et elles donnent un produit bien autrement rémunérateur.

Il en est de même dans une notable partie de celles des Alpes suisses où ne pénètrent pas les moutons transhumants du nord de l'Italie, ou qui ne sont pas en même temps, comme le Tessin, abandonnées sans règle et sans limite au pacage des chèvres (2).

(1) La densité de la population est de 63 par kilomètre carré dans le département de l'Ain, de 58 dans celui du Jura, de 59 dans le Doubs. Dans le canton de Vaud (Suisse), elle est de 72, de 120 dans le canton de Neuchatel et de 73 dans le canton de Berne. (*Ann. Bur. long.*, 1880). — Or nous avons vu p. 100 *ad not.*, que la population du département des Hautes-Alpes n'est que de 21,5 habitants, par kilomètre carré, et de 19,5 seulement dans les Basses-Alpes.

(2) Le territoire helvétique a une superficie de 40 370 kilomètres carrés. D'après la statistique fédérale de 1876, il nourrissait 368 000 moutons seulement et 1 036 000 bêtes aumailles (bovines), ce qui représente 9 moutons et 25 têtes de gros bétail par 100 hectares. Le département des Hautes-Alpes offre une

On a déjà observé plus haut que la vache au sabot ouvert et arrondi ne nuit point au sol par son piétinement; que son museau large, lent dans ses mouvements, ne déchausse point le col des plantes et ne fouille pas en terre pour ronger les racines ; elle ne saurait non plus, par la même raison, attaquer une herbe trop courte et trop battue : grâce à ses deux rangées d'incisives, la vache peut couper, tondre l'herbe, un peu à la manière d'une faucille ou d'une faux, au lieu de l'arracher ou de la briser par un mouvement de tête saccadé, comme fait le mouton. Si le poids de l'animal est considérable, la largeur et la conformation de son pied ont pour effet de lui faire resserrer le gazon et tasser le sol, plutôt que de l'émietter et de l'effriter : si quelquefois une motte de gazon se trouve partiellement déplacée sous le poids, elle l'est en masse et conserve une partie de son homogénéité. Sur les pentes rapides, la vache marche horizontalement, repasse toujours sur les mêmes points et finit **par** tracer des espèces de sentiers dirigés toujours dans un sens à peu près horizontal et plutôt favorable, lors des grandes pluies, au maintien des terres.

D'autres considérations militent encore en faveur des vaches, au point de vue qui nous occupe ici. Leur lait et les produits qu'on en tire composent la part principale de leur rendement : or, dès que l'on met sur un pâturage un nombre de bêtes supérieur à sa possibilité, le contre-coup s'en fait immédiatement sentir dans la diminution de la production laitière : en sorte que le respect de cette possibilité se trouve garanti par l'intérêt même du propriétaire des bestiaux. C'est le contraire avec les moutons, dont le produit principal est la laine ; la production de celle-ci n'étant point liée au bon état du pâturage, l'intérêt immé-

répartition bien différente : sur 100 hectares il compte cinq fois plus de moutons, soit 45, et cinq fois moins de bêtes bovines, soit cinq seulement. (Cf. *Revue des eaux et forêts*, année 1881, p. 5 : *L'Économie pastorale dans les Hautes-Alpes*, par F. Briot, sous-inspecteur des forêts au service des reboisements.)

diat du propriétaire du bétail est d'en conduire le plus
qu'il peut sur une pelouse donnée, sauf à en chercher d'autres quand celle-ci ne produira plus rien ou aura fait place
soit à la roche nue, soit aux pierres roulantes.

C'est avec raison qu'un publiciste forestier, un écono-
miste bien connu, pose cette affirmation : « C'est à la pré-
dominance de la race bovine sur la race ovine qu'il faut
attribuer l'état relativement satisfaisant des forêts du Jura
et de certaines parties de la Suisse(1). » Le bon état des forêts
dans les montagnes pastorales est la conséquence du bon
état des pâturages : lorsque ceux-ci fournissent une nourriture abondante aux bestiaux, ces derniers n'ont pas
besoin d'en aller chercher un supplément sur le sol des
forêts, qui sont ainsi préservées du plus grand des dangers
qu'elles aient à redouter.

Le nombre des moutons qui parcourent chaque été les
pâturages de la région des Alpes est, on l'a vu, de quinze
à seize cent mille appartenant aux habitants, et de cinq cent
mille transhumants, soit plus de deux millons de têtes; tandis que le nombre de bêtes à cornes, dans la même région
ne dépasse guère 300 000. Les meilleurs pâturages leur
sont naturellement réservés, et il n'est pas rare, dit M. du
Guiny, d'entendre les montagnards s'exclamer douloureusement, en contemplant les pâturages qu'a ruinés le pacage abusif des moutons : « c'était pourtant là, il y a cinq
ans, il y a dix ans, un pâturage de vaches! » C'est que
le rendement des vaches est, comme on l'a dit, bien supérieur à celui des moutons. Elles donnent plus d'engrais,
leur viande est plus nourrissante, leur laitage beaucoup
plus recherché, et elles fournissent des attelages pour la
charrue et les transports(2). Un troupeau de vaches d'une
valeur de 10 000 fr. donne des produits s'élevant à un to-

(1) Jules Clavé. *Études sur l'économie forestière*. 1862. Paris, Guillaumain
et Cie, p. 63.
(2) Cf. Du Guiny, *loc. cit*., p. 430.

tal de 8 800 fr. tandis qu'un troupeau de même valeur, en moutons, ne donnera guère plus d'un rendement de moitié : 4 600 fr.— si même il le donne.

Il y aurait donc un intérêt considérable, quand ce ne serait qu'au seul point de vue du présent, du rendement et de la jouissance immédiats, à opérer la substituton du gros bétail au petit, des bêtes à cornes aux bêtes à laine, dans la dépaissance des montagnes. C'est par là, évidemment, que l'on arrivera—moyennant de la persévérance et du temps, car le stimulant d'un bénéfice prochain ne suffit pas, à lui seul, pour triompher d'une routine séculaire,— à faire concourir le montagnard lui-même à la restauration et à la conservation de ses montagnes. L'administration l'a bien compris. Aussi s'efforce-t-elle, avec le zèle le plus louable, de favoriser, partout où, dans la région des reboisements et regazonnements, s'étend son influence, l'établissement et l'extension des *fruitières*.

On appelle *fruitières* les associations de propriétaires de vaches en vue de la fabrication du fromage de Gruyère. La dimension et la nature de ces fromages exigeant de grandes quantités de laitage et un système de fabrication relativement savant et compliqué, cette fabrication ne serait pas possible aux petits propriétaires séparément. Par l'association, les difficultés disparaissent : un artisan spécial, un homme de l'art, le *fruitier*, reçoit chaque jour le laitage apporté par les membres de la *fruitière* et en tient registre ; les fromages fabriqués, il leur donne les soins nécessaires pendant le temps voulu, puis il distribue le produit, soit en argent soit en nature, à chacun au prorata du laitage fourni. Lui-même reçoit pour salaire, ordinairement, du moins dans le Doubs, un prélèvement convenu sur la totalité du rendement en nature de la fruitière.

Originaire des hauts plateaux de la Gruyère (canton de Fribourg), cette industrie s'est, de proche en proche, étendue à toute la Suisse, aux montagnes du Limbourg, de la Bavière et du Wurtemberg, à toute la chaîne du Jura : les fromages fabriqués sur les hauts plateaux de cette chaîne dans le département du Doubs ne le cèdent en rien, comme qualité, à ceux que l'on fabrique dans la Gruyère même. A des altitudes plus faibles, soit que la qualité des herbages influe sur celle du laitage, soit que, l'industrie des fruitiers y étant plus récente, la fabrication soit moins perfectionnée, soit enfin pour ces deux causes réunies, les fromages, bien que d'un bon et fructueux débit, ne sont plus tout à fait aussi estimés. Quoi qu'il en soit, les deux départements du Doubs et du Jura retirent chacun de leurs fruitières un revenu de huit millions, et l'Ain, de trois millions. Ces associations fromagères ont récemment gagné l'Angleterre. Les États-Unis les avaient adoptées dès 1850, et le seul État de New York contient douze cents fabriques de fromage montées sur le même principe, mais sur un très grand pied. On en a établi, en France, dans plusieurs départements non montagneux, Meuse, Haute-Marne et jusque dans l'Yonne (commune de Villeblevin).

Grâce aux efforts éclairés de l'administration, les fruitières commencent à se répandre dans les Alpes et dans les Pyrénées. Or, partout où cette industrie a pu s'établir et prendre racine dans les habitudes locales, un accroissement d'aisance proportionnel s'est manifesté parmi les populations. C'est une conséquence, non seulement de la valeur des produits fabriqués et de l'épargne résultant de l'association qui permet d'opérer sur de grandes quantités, avec économie de main d'œuvre et une plus grande habileté (1); c'est aussi l'effet des progrès qui en résultent à une foule d'égards : propreté des étables, amélioration de l'hy-

(1) Les avantages inappréciables pour les habitants des montagnes pastorales, et surtout pour les moins fortunés, des associations fromagères, sont exposés avec tous les détails désirables, dans le travail précédemment cité de M. Briot sur l'*Économie pastorale dans les Hautes-Alpes* (Cf. *Revue des eaux et forêts*, année 1881, pp. 55 et suiv.)

giène du bétail et, par suite, amélioration et grossissement des races, extension des prés fauchables, production d'engrais, etc.

C'est au mois de juin que les vaches montent aux pâturages, aux *alpages* disent les Suisses ; elles y restent nuit et jour, n'entrant au chalet que pour se faire traire. La plupart ont le cou muni d'une clochette ; l'une d'elles, armée d'une cloche d'un volume plus considérable et d'un timbre plus sonore, d'une *campaine* (lat. *campana*) comme disent les montagnards comtois, marche fièrement en tête du troupeau. Dans les premiers jours d'octobre, le 11 de ce mois dans le Doubs — et les bêtes ne s'y trompent pas, à cette date elles redescendraient d'elles-mêmes si leurs bergers n'y pourvoyaient, — les vaches descendent dans les prairies fauchables où elles paissent le regain pendant le jour, et se retirent pendant la nuit dans de bonnes étables installées soit dans les prairies mêmes soit au domicile du propriétaire quand les villages ou hameaux sont voisins. Dans plusieurs parties de la Suisse, les vaches vont passer l'hiver au fond des vallées et quelquefois fort loin des alpages, là où elles trouvent du fourrage sec et en abondance (du Jura suisse au canton de Fribourg, par exemple, parcourant ainsi dix à douze lieues, ou même, de la haute Lévantine à Lugano, faisant un trajet de vingt lieues) (1).

On peut, à première vue, objecter à l'idée de substitution des vaches aux moutons, dans les Pyrénées et surtout dans les Alpes, l'escarpement de ces montagnes, bien plus considérable que dans la chaîne du Jura où elles sont étagées par plateaux successifs, formant comme des suites d'immenses gradins. Mais d'une part, de nombreuses fruitières y ont été créées depuis une vingtaine d'années, ce qui constitue une réponse à l'objection par la constatation du fait ; d'autre part, il est dans la chaîne du Jura fran-

(1) Cf. L. Marchand, *loc. cit.* p. 95.

çais une région exceptionnellement escarpée et abrupte, qui ne le cède en rien sous ce rapport aux flancs les plus âpres des Alpes ou des Pyrénées, et dont le sol, par surcroît, est aride et maigre : cependant les fruitières, et par conséquent l'élève de la bête bovine, ont fini, sur le tard, par s'y implanter comme ailleurs ; c'est l'arrondissement de Saint-Claude dans le département du Jura. Vainement on eût tenté de faire escalader ces rochers abrupts par les bêtes volumineuses et à lentes allures des races suisse, charolaise ou comtoise : on recourut à la vache bretonne, cette petite vache noire, agile, nerveuse, sobre et robuste : elle s'est acclimatée à merveille dans ce pays montagneux et froid. Comme une vraie chèvre, elle grimpe partout pour brouter une herbe grossière qui lui suffit. Si bien que, dans la contrée, sa dénomination originaire s'est perdue, et qu'on ne la désigne plus que sous le nom de *vache Saint-Claudienne*. Comme elle se contente de pâturages maigres et secs, peu fertiles, que refusent les autres races, il n'est pas douteux qu'elle ne doive réussir partout (1).

Comparons le produit des moutons à celui des vaches.

La quantité d'herbage, de nourriture, nécessaire à l'entretien d'une vache équivaut à ce qui serait nécessaire à sept ou huit moutons. On peut considérer qu'une vache représente sept moutons comme consommation.

On a vu plus haut que le produit de fermage des moutons transhumants est de 1 fr. 25 par tête, et que le produit du mouton indigène est de 4 fr.

Ainsi mille transhumants rapportent aux habitants
$$1\ 250\ \text{fr.}$$

Mille moutons indigènes (laine, agneaux, lait, engrais) . . . . 4 000 »

Mais un troupeau d'un nombre de vaches sept fois moindre, soit 143 têtes consommant la même quantité de nourriture que 1000 moutons, produit, *sans fruitière*, comme

(1) Cf. De Guiny, *loc. cit.*, p. 434.

veaux, lait, beurre, fromage, engrais et travail 5 800 fr.
S'il y a des fruitières, le rendement s'élèvera à 8 000 fr!(2)

Il ressort de tels chiffres les conséquences inéluctables qui suivent :

Le produit des moutons indigènes, moins nuisibles aux montagnes que les moutons transhumants, est le triple du produit de ces derniers.

La substitution pure et simple des vaches aux moutons, en nombre correspondant à une égale consommation de nourriture, est quatre fois et demi plus productive que les moutons transhumants, une fois et demi comme les moutons indigènes, — et elles ne ruinent pas la montagne.

La même substitution, accompagnée de l'établissement de fruitières, donne lieu à un rendement près de six fois et demi supérieur à celui des moutons transhumants, et double de celui des moutons indigènes.

Malgré d'aussi éclatants avantages, ce ne sera que peu à peu, lentement, graduellement, qu'une telle substitution pourra s'opérer. La routine est un adversaire bien tenace, surtout quand elle est secondée par l'inertie et la paresse.

A la progression de rendement indiquée correspond aussi une progression de soucis et de travail. Louer les pâturages et percevoir, sans se préoccuper de rien, un petit

(2) Cf. Du Guiny, *loc. cit.* — M. du Guiny écrivait en 1865. Depuis lors, bien des modifications se sont produites à la défaveur de l'industrie des laines. Nos importations en cette marchandise qui, en 1865, dépassaient à peine une valeur de 100 millions, sont aujourd'hui triplées. Cela tient à l'extension énorme qu'a prise l'élève du mouton en Australie, où elle se réalise à un bon marché qui défie toute concurrence européenne, et surtout à l'entrée des laines en France, en franchise, récemment votée par les chambres. Est-ce un bien, est-ce un mal? Nous n'avons pas à intervenir à ce propos entre les écoles protectionniste et libre-échangiste, ni à rechercher quelle peut être la part de la routine chez la première à en croire la seconde, comme celle de la rêverie et de l'utopie qui dominent chez la seconde au dire de la première. Nous constatons un fait, lequel, quoi qu'il arrive, paraît devoir tendre à se développer plutôt qu'à s'atténuer. Une des conséquences de ce fait s'est montrée dans le prix de fermage des moutons de Provence, qui, au moins dans les Hautes-Alpes, n'est plus que de 0.75 à 1 fr. par tête, au lieu de 1 fr. à 1.25. (Cf. Briot, *loc. cit.*, p. 14.)

fermage qui se paie régulièrement, est bien plus commode et moins pénible que de réaliser de bons bénéfices en se donnant du tracas. Sans doute, la montagne tombe en ruines, avec un pareil système ; mais qu'importe ! elle durera toujours plus que nous, et après nous... le déluge !

La routine et l'égoïsme... Voilà la grande difficulté, le grand obstacle. D'ailleurs, l'impartialité oblige à reconnaître que ces motifs peu avouables s'appuient souvent sur des prétextes ou même des considérations beaucoup plus plausibles.

C'est d'abord la difficulté pour le petit propriétaire, pour le montagnard pauvre, de se procurer le capital nécessaire à la transformation de ses quelques moutons en une ou deux vaches. A quoi l'on peut répondre, il est vrai, que d'un côté les moutons transhumants ne sont point la propriété des montagnards mais bien de riches spéculateurs, tandis que de l'autre les moutons indigènes, trois fois plus nombreux, appartiennent pour une notable part, soit à la classe riche soit tout au moins au paysan aisé : en procédant petit à petit, graduellement, la transformation, moyennant une bonne volonté soutenue, se ferait donc sans trop grande difficulté sous ce rapport.

Il y a, en second lieu, la question des fourrages secs à procurer au gros bétail pendant l'hiver. Cette considération est sérieuse : il faudrait arriver à l'extension des prairies naturelles et artificielles, ce qui n'a rien que de pratiquable, au moyen des irrigations. Elles ont lieu sur bien des points. Il s'agirait de les accroître dans une proportion suffisante. Cette question se rattache aux travaux de correction des torrents permanents qui permettent de détourner, au profit de l'amélioration du pâturage et des prairies, leurs eaux surabondantes. Elle sera traitée en son lieu. Mais, en outre, il y a lieu de remarquer, avec M. du Guiny (1), qu'il pourrait s'établir une transhumance de va-

_____

(1) *Loc. cit.*, p. 436.

ches « aussi avantageuse au pays que la transhumance des moutons lui est préjudiciable.» Elle existe en fait et de temps immémorial, dans certaines parties de la Suisse, et n'est pas absolument inconnue dans les Alpes françaises. On l'y trouve dans la région limitrophe du département des Hautes-Alpes et du Piémont : les pâtres français confient pendant l'hiver leurs vaches aux cultivateurs de ce pays qui en prélèvent le fruit pendant cette durée et en ont soin, pour les rendre en bon état, l'été venu, à leurs propriétaires (1). En Savoie, les *alpages* reçoivent, outre les vaches du pays, des vaches de l'extérieur, moyennant un prix de ferme de 20 fr. par tête, le Graisivaudan et la Matésine (Isère) envoient leurs bêtes aumailles sur les montagnes d'Allevard, de Goncelin, du Sapey, du Valbonnais (2).

Ces transhumances de vaches ont succédé, sur la frontière d'Italie, à celles des moutons, depuis que les fruitières ont commencé à s'y établir. La première a été fondée à Abriès dans le Queyras en 1848 ; depuis elles se sont multipliées, et au fur et à mesure qu'il s'en établit de nouvelles, la substitution des vaches aux moutons, pour la transhumance en Piémont, prend un plus grand accroissement. On en compte aujourd'hui 55, dues toutes à l'initiative privée : 38 dans le seul canton d'Aiguilles en Queyras (Haute-Alpes) et 17 dans les localités voisines. Les agents forestiers ont encouragé cette tendance dans les Alpes et dans les Pyrénées. Feu M. l'ingénieur Cézanne, le continuateur de M. Surell, avait obtenu, en 1875, comme député des Hautes-Alpes, un crédit de 20 000 fr. pour favoriser l'établissement des fruitières dans les régions orographiques du Midi ; et M. Faré, alors directeur général des forêts, ayant constaté combien les travaux de regazonnement exécutés par les agents de son administration facilitaient cette industrie précieuse pour le salut des montagnes, put accroître le crédit obtenu par M. Cé-

(1) Cf. F. Briot, *loc. cit.*, p. 12.
(2) Cf. Du Guiny, *loc. cit.*, p. 436.

zanne, par une sage application des allocations budgétaires relatives aux regazonnements facultatifs. Quatre fruitières modèles ont pu être ainsi construites dans les Hautes-Alpes, suivant les conditions qui répondent le mieux aux perfectionnements les plus récents apportés à l'industrie fromagère.

Dans le département de l'Ariège, il a été fondé une école pastorale pratique, consistant dans la réunion, au périmètre de Calmill, non loin de Foix, à l'ouest, de quelques hommes du pays ayant commencé leur apprentissage sur la montagne même et y recevant, d'un fruitier jurassien, des leçons de fabrication de « gruyère ». Deux de ces élèves fruitiers avaient déjà, pendant l'hiver de 1877, opéré, sous la direction du fruitier « départemental », dans deux fruitières d'association qui prenaient alors naissance, l'une à Montagagne, l'autre au Bosc, dans l'arrondissement communal de Foix (1). Quant à la fruitière de Calmill, fondée en 1876, elle avait employé, en cette année, 3011 litres de lait provenant de 20 vaches, et en 1877, 13 700 litres provenant de 51 vaches, avec un bénéfice net en argent, pour ces deux années, de 2272 fr. 50 répartis entre 45 propriétaires de vaches.

La fruitière de Luchon (Haute-Garonne) fondée en 1874, avait à la même époque traversé déjà quatre années et vu les vaches, admises à lui fournir leur lait, s'élever de 44 à 117, et les propriétaires participants, de 15 à 25. La quantité de lait employée s'est élevée de 10 981 litres à 36 357 litres, et le produit net en argent de 1604 fr. 70 à 3724 fr. 70 sans compter 1178 kilogrammes de fromage distribué en nature à la suite de la campagne de 1877, plus une réserve de 1500 fr. destinée à indemniser les propriétaires des pertes accidentelles de bétail, et enfin un prélèvement de pareille somme au profit de la commune de

(1) Cf. *Monographie des travaux exécutés dans les Alpes, les Cévennes et les Pyrénées* pour le *Reboisement et gazonnement des montagnes*, pp. 152 et 153. Grand in-4o, 1878. Paris, imprimerie nationale.

Luchon, propriétaire du pâturage de 155 [h.] 11 [a.] réservé au troupeau de la fruitière.

Ces quelques exemples et indications suffisent pour faire apprécier de quel côté est le vrai remède contre la destruction des montagnes pastorales, sinon restées jusqu'ici en bon état (il y en a bien peu dans ce cas), du moins susceptibles de se restaurer d'elles-mêmes par le seul fait de la cessation des abus du pacage et moyennant quelques mesures préventives.

Mais, par suite des abus antérieurs, une part importante des montagnes du sud-est, du midi et du centre de la France est aujourd'hui dénudée et ruinée à un point qui réclame ce qu'on peut appeler des remèdes héroïques, non seulement pour les restaurer elles-mêmes, mais pour empêcher que, de proche en proche, le travail de démolition dont elles sont victimes ne gagne les régions voisines et jusqu'ici plus ou moins conservées. Cette part était évaluée, en 1860, à 1134 mille hectares, les départements de la Savoie non compris. Des travaux, par eux-mêmes considérables, ont été entrepris depuis lors, que le succès a généralement couronnés et qui tracent la voie à suivre désormais. Les examiner, les décrire, montrer leurs résultats, ne sera pas le moins intéressant des sujets de cette étude. Pour s'en bien rendre compte, il faut préalablement connaître en détail le mode d'action des torrents ou, plus généralement, de tous cours d'eau qui coulent en montagne, autrement dit ce que nous avons appelé, avec M. le conservateur des forêts Costa de Bastelica, les *lois de la torrentialité*. C'est là le point que nous aborderons dans un prochain article.

VI.

CLASSIFICATION GÉNÉRALE DES COURS D'EAU.

Qu'une masse d'eau s'écoule le long des versants et des ravins d'une montagne, qu'elle suive les détours plus adoucis d'une vallée, ou qu'elle déroule librement ses sinuosités et ses méandres au sein d'une large plaine, elle obéit toujours à des lois générales dont l'application se modifie en s'adaptant aux circonstances locales. Il y a plus ; la masse d'eau considérée peut, sous l'influence d'une basse température, revêtir la forme solide ; convertie en névés et en glace, elle n'en continue pas moins à obéir au même ordre de phénomènes : l'extrême lenteur relative de sa progression est la seule différence essentielle qui distingue, de l'écoulement de l'eau liquide, l'écoulement du glacier à l'état solide.

On comprend, ou plutôt l'on conçoit sans peine que l'application des lois hydrologiques produise, suivant le degré de déclivité de la pente d'écoulement des eaux, des effets d'une grande variété d'intensité. En fait, la nature de la courbe du lit d'un torrent ne diffère pas de celle de la courbe qu'offre le lit d'un cours d'eau quelconque, ruisseau, fleuve ou rivière. Seulement, dans la courbe du torrent, le rapport des abscisses aux ordonnées n'est plus le même : l'échelle des longueurs se trouve considérablement réduite sans que celle des hauteurs ait varié ; mais les propriétés caractéristiques de la courbe, dit M. Surell, ainsi que les lois de sa formation sont restées pareilles (1). Toutefois, quand le lit d'un torrent s'est creusé dans des roches peu consistantes et d'une désagrégation facile, un nouvel élément entre en action, qui, parvenu à un certain

____

(1) Cfr. Surell, *Études sur les torrents des Hautes-Alpes*, chap. I, ı, p. 24. Paris, Dunod.

degré d'intensité, amène une perturbation plus ou moins grande dans la marche du courant et dans les lois qui le régissent ; il se produit alors, à proprement parler, le phénomène torrentiel ou, selon l'expression de M. Costa de Bastélica, la *torrentialité*, c'est-à-dire, une action d'autant plus perturbatrice que les causes secondes qui la déterminent, savoir les masses de matière entraînée, sont plus considérables (1). Ces masses peuvent se réduire, et se réduisent en réalité dans des cas déterminés, à des quantités d'une valeur relativement très faible, et ne modifient plus les lois normales de l'écoulement que dans une proportion peu sensible, quoique cependant réelle. D'où il suit que cette torrentialité qui résulte de la perturbation amenée par le charriage de matières solides se fait sentir dans une certaine mesure jusqu'au sein des plus grands fleuves, et que les effets les plus violents des redoutables torrents des Alpes, par exemple, ne sont qu'un cas extrême d'un phénomène général existant d'une manière plus ou moins accentuée ou voilée dans tout cours d'eau qui n'est pas d'une tranquillité complète (2).

Quels que soient le volume de l'eau et la déclivité de la pente, quand un cours d'eau ne charrie point de matières étrangères, l'écoulement a lieu en toute stabilité et suivant les lois ordinaires de l'hydraulique. Si, d'une part, le niveau s'élève ou s'abaisse plus ou moins brusquement, d'autre part, la vitesse s'accroît ou diminue en fonction même de ces variations de niveau ; or l'action de la pesanteur sur le fluide s'exerçant constamment sans autre résistance que celle des frottements, à une élévation de niveau correspond toujours une plus grande vitesse, et les eaux montent rarement plus haut que leurs rives. La stabilité, tendant sans cesse à se rétablir, n'est jamais véri-

(1) Costa de Bastélica, *Les Torrents, leurs lois, leurs causes, leurs effets*, p. 6. Paris, Baudry.
(2) Ibid.

tablement interrompue : il n'y a pas torrentialité. L'*insta-bilité* du courant, tel est le caractère essentiel de celle-ci. L'adjonction des matières entraînées modifie profondément la nature du fluide en mouvement ; il finit par n'être plus de l'eau, mais une masse visqueuse plus ou moins épaisse à laquelle le transport de matériaux solides, tels que galets et blocs ou quartiers de roches, impose un travail mécanique modifiant profondément les conditions de l'écoulement: des résistances se développent par suite, soumises elles-mêmes à mille variations ; « de là naît une instabilité extrême, ou en d'autres termes, la torrentialité (1). » Mais cette instabilité même, si désordonnée qu'en paraissent les effets, est soumise à des lois constantes dont la détermination résume tout l'intérêt de la question.

On le voit, il ne suffit pas qu'un cours d'eau coule en montagne et suivant des pentes rapides pour constituer un torrent. Si son débit est régulier ou du moins ne subit de variations que dans des limites restreintes, si son eau toujours claire et limpide ne charrie point de matières étrangères, le cours d'eau pourra être, alternativement ou suivant les cas, un ruisseau, un rapide, une cascade ou une chute d'eau ; ce ne sera point, dans l'acception technique, un torrent. Réciproquement, le fleuve paisible qui arrose la plaine, — au jour où ses eaux, devenues troubles et limoneuses, déborderont au delà de leurs rives ou tendront à former un delta à son embouchure, — à ce jour le fleuve subira, lui aussi, dans une certaine mesure, les lois du phénomène torrentiel.

M. l'ingénieur Surell, se plaçant exclusivement au point de vue des cours d'eau situés dans la montagne, et plus particulièrement dans la montagne des Hautes-Alpes, les range en quatre classes qu'il nomme: 1º Rivières ; 2º Rivières torrentielles ; 3º TORRENTS ; 4º Ruisseaux (2).

(1) Ibid., p. 7 et 8.
(2) Alex. Surell, loc. cit. I, II.

M. le conservateur Demontzey y ajoute avec raison une cinquième classe, celle des *Ravins*, sortes de torrents élémentaires (1) dont le lit, en dehors des pluies et des crues, reste à sec.

Les *Rivières*, selon la définition de M. Surell, sont les cours d'eau qui coulent dans des vallées larges avec un assez fort volume d'eau, dont les crues sont prolongées et qui *divaguent* (c'est-à-dire changent souvent de lit momentané) dans un lit commun ou plage très large dont elles n'occupent jamais qu'une très faible portion (2). La pente des *rivières*, constante sur de grandes longueurs, n'excède pas 15 millimètres par mètre. La Durance, l'Ubaye, le Drac et, dans une partie de son cours, l'Isère, sont des exemples de *rivières* dans le sens de la définition qui précède.

Les *Rivières torrentielles* sont les principaux affluents des *rivières* et coulent dans des vallées moins longues et plus resserrées ; leur volume d'eau est moins considérable, et les variations de leurs pentes plus rapides. Mieux encaissées que les *rivières* et dans des berges plus solides, les *rivières torrentielles* ne divaguent que peu ou même ne divaguent point. Leur pente ne dépasse pas 6 pour cent. (Guil, Gironde, Romanche, etc.)

Les *Torrents* coulent soit dans de simples dépressions, soit dans des vallées très courtes qui morcellent les montagnes en contreforts et dont les plus allongées n'atteignent pas cinq lieues de longueur. Leurs crues, de courte durée,

(1) Cf. P. Demontzey, *Étude sur les travaux de reboisement et gazonnement des montagnes*, § 2, chap. 1, 1878, Paris, imp. nat.

(2) Les plages de la Durance, quelquefois cultivées, le plus souvent couvertes d'arène ou de galets stériles, excèdent fréquemment une largeur de huit cents mètres, tandis que l'espace occupé par les eaux dans leurs plus grandes crues, leurs plus forts débordements, oscille seulement entre les largeurs de 50 et de 100 mètres, pour se réduire à 30 mètres dans les temps d'étiage. Mais cet espace mouillé de 30 à 100 mètres varie sans cesse, se transportant successivement et sans aucun ordre apparent sur tous les points du lit commun (Cf. Surell, l. c. 1, 5).

sont presque toujours subites. Leur pente, très rapidement variable, excède 6 centimètres par mètre sur la plus grande partie de leur cours ; elle ne s'abaisse jamais au-dessous de 2 pour cent. Ils se distinguent d'une manière très tranchée des cours d'eau des deux classes précédentes par ce triple fait : ils *affouillent* dans la montagne, ils *déposent* dans la vallée, ils *divaguent* à travers les exhaussements résultant de ces dépôts.

Enfin, M. Surell classe parmi les *Ruisseaux* tous les cours d'eau qui diffèrent des *rivières torrentielles* par un volume moins fort et un parcours moins prolongé, et qui ne peuvent pas non plus être assimilés aux torrents en ce que leurs eaux n'affouillent pas et par suite ne déposent pas. Elles sont presque toujours claires et limpides, et ne perdent pas le caractère de *ruisseaux* quand le sol, manquant sous leur course, les fait bondir en cascatelles ou en cascades, ou quand leur lit, subissant brusquement un fort accroissement de pente, se convertit en véritables rapides (1).

Le *Ravin*, dit M. Demontzey, n'est qu'un diminutif du torrent et fonctionne d'une manière semblable ; isolé, il représente le plus souvent la période élémentaire, le début d'un *torrent* proprement dit ; à l'état d'affluent, il provient fréquemment d'un certain nombre de ramifications et sous-ramifications (ravins secondaires, tertiaires, ravines, etc.) et devient le redoutable auxiliaire de l'agrandissement du *torrent*.

Si l'on voulait compléter cette classification en l'étendant à tous les cours d'eau possibles, il faudrait y ajouter d'abord ceux dont le lit ordinairement fixe et régulier se

---

(1) Il ne saurait être contesté que cette classification repose sur des types entre lesquels peut se rencontrer une série continue d'intermédiaires. Souvent même ces divers types et les passages des uns aux autres peuvent s'observer en tout ou en partie sur le même cours d'eau. Il n'y a donc dans ces distinctions rien d'absolu, comme il arrive le plus souvent du reste dans les choses de la nature.

développe dans la plaine, et que le langage usuel appelle *fleuves* quand ils ont leur embouchure dans la mer, *rivières* quand ils se déchargent dans d'autres cours d'eaux. Il faudrait aussi, retournant dans la montagne et s'élevant à ses plus hautes altitudes, y joindre les *glaciers* et *mers de glace* qui sont, comme nous le disions en commençant, de véritables cours d'eau à l'état solide.

Revenons aux *torrents*. On en a donné plusieurs définitions différentes de celle de M. Surell. Cet ingénieur cite lui-même celle de M. Tarbé de Vauxclairs dans le Dictionnaire des travaux publics : « Un cours d'eau coulant sur des pentes très fortes, grossissant extraordinairement dans les crues et sujet à tarir pendant une partie de l'année. » Mais, par son dernier membre de phrase, cette définition manque de généralité, car dans les Alpes la plupart des torrents ne tarissent jamais complètement. D'ailleurs elle ne mentionne pas les trois faits d'affouillement, de dépôt et de mobilité du lit qui sont, avec le charriage des matières, conséquence du premier et cause du second, la vraie caractéristique du phénomène torrentiel.

M. Scipion Gras, dans un opuscule précédemment cité et postérieur d'une quinzaine d'années à la première édition de M. Surell, définit le torrent : « Un cours d'eau dont les crues sont subites et violentes, les pentes considérables et irrégulières, et qui le plus souvent exhausse certaines parties de son lit par suite du dépôt des matières charriées, ce qui fait divaguer les eaux au moment des crues (1). » Cette définition, peut-être un peu longue, au moins quant à la phrase unique dont elle se compose, se borne à sous-entendre l'action d'affouillement, mais elle mentionne le charriage ou transport que passe sous silence M. Surell.

Si l'on tient compte du changement que l'apport de matières étrangères dans le courant fait subir, dans l'action

____

(1) *Etudes sur les torrents des Alpes*, par M. Scipion Gras, ingénieur en chef des mines, p. 3. — 1857. Paris, V. Dalmont.

torrentielle, aux lois ordinaires de l'hydraulique pure, suivant l'importante observation de M. Costa de Bastélica, on peut, semble-t-il, réputer TORRENT : *tout cours d'eau qui, éprouvant des crues subites et violentes, affouille son lit et en charrie les matériaux jusqu'à saturation, d'où résulte une perturbation et une instabilité plus ou moins grandes dans la marche du courant, les lois qui le régissent en étant profondément modifiées.* — Moins expressive et moins saisissante que celle de M. Surell, non plus courte que celle de M. Scipion Gras, cette définition a du moins l'avantage de tenir compte d'un élément de la question que, le premier, a fait ressortir l'auteur de l'écrit intitulé: *Les Torrents, leurs lois, leurs causes, leurs effets.* Le principe de toute la théorie qu'il a appelée « loi de la torrentialité » s'y trouve contenu, et si les autres caractéristiques du torrent n'y sont pas mentionnées, c'est qu'elles découlent de cette loi comme ses développements et ses conséquences nécessaires.

Un fait constant, c'est que les cours d'eau qui ne charrient point sont d'une stabilité parfaite, tandis que, à l'inverse, ceux qui charrient beaucoup ont un régime d'une instabilité extrême (1). Or tous les cours d'eau de montagne, même les *ruisseaux* de M. Surell qui sont aujourd'hui pourvus d'un régime de stabilité complète, ont eu leur période d'instabilité et de divagation, leur période torrentielle autrement dit. On en acquiert la certitude, dit M. Costa, soit par l'aspect de leur bassin de réception creusé dans le flanc de la montagne, soit par l'inspection des dépôts qu'ils ont créés dans le fond de la vallée. Ce sont bien, *originairement*, des torrents, mais ils ne sont plus en activité en tant que tels ; ils ont passé de la période d'instabilité à celle de stabilité ; ils ne charrient plus de matériaux, leurs crues sont moins subites et par suite plus longues et moins volumineuses ; ils sont *éteints*, selon la

---

(1) Cf. Costa, *Les Torrents*, p. 68.

très heureuse expression de M. Surell (1), qui a depuis long-temps passé dans le langage usuel comme dans la langue technique. A ce point de vue, les gaves des Pyrénées comme les ruisseaux du Jura, du Morvan et des Vosges, ne sont que des torrents éteints ; et dans les Alpes même, qui, de toutes nos montagnes, sont celles où abondent le plus les torrents en pleine activité, les torrents éteints sont heureusement les plus nombreux encore.

Nous verrons par la suite que si, abstraction faite des agissements de l'homme, il est dans la destinée naturelle de tout torrent en activité, d'arriver tôt ou tard à la période d'extinction, certaines pratiques abusives ont pour effet de rouvrir au contraire la période d'activité d'un grand nombre de torrents éteints, tandis que, par des efforts laborieux, coûteux et persévérants, on peut *corriger* d'abord le cours des torrents actifs et, par ces travaux de correction, préparer artificiellement l'extinction ultérieure d'un certain nombre d'entre eux. A vrai dire, le grand œuvre du reboisement des montagnes n'a pas d'autre but.

VII.

LOIS GÉNÉRALES DE LA TORRENTICITÉ.

Eux-mêmes, les torrents en activité s'offrent sous divers aspects soit en raison de la conformité ou de la nature du sol dans lequel ils ont creusé leur lit, soit en raison du degré d'intensité ou des causes multiples de leur action. De là naissent des classifications spéciales que nous aurons à développer ultérieurement.

Auparavant nous essayerons d'exposer, en la résumant, la théorie de la torrentialité telle que l'a conçue M. le conservateur des forêts Costa de Bastélica, dans son ouvrage

(1) Alex, Surell, l. c. III, chap. xxxiii, p. 135.

précité. Dans l'étude de chaque cours d'eau, l'on doit tenir compte, selon cet éminent forestier, pour chaque partie de la surface du bassin, non seulement *du coefficient de débit*, mais encore *du coefficient de perturbation*, les recherches cessant de porter exclusivement sur la perméabilité ou l'imperméabilité du sol. Sans aller jusqu'à admettre avec lui que « les plus grandes transformations géologiques » sont dues *uniquement* à l'action des courants, on ne peut nier qu'ils n'y aient joué un rôle considérable. Ce n'est pas sans raison que l'auteur parle de la disproportion qui existerait entre l'action des cours d'eau considérés dans leur état de stabilité hydraulique et l'immensité du travail accompli par les forces neptuniennes dans les remaniements qui, depuis la première apparition de notre globe sortant à peine ébauché du chaos, l'ont amené graduellement au relief qu'il dessine de nos jours. Il fallait à l'exécution d'un pareil travail non seulement une grande force, mais une force essentiellement perturbatrice et soumise aux lois de l'instabilité la plus complète.

Après MM. les ingénieurs Scipion Gras et Philippe Breton (1), recherchons, avec M. Costa, suivant quelles lois s'effectuent l'entraînement et le dépôt des matières par les courants. Là est tout le secret de l'action si variée et parfois si désastreuse des torrents pour les montagnes (2).

Nous distinguerons deux phases ou plutôt deux périodes alternatives de l'existence — nous allions dire de la vie — des torrents :

1° La période de *stabilité du lit ;*

2° La période d'*entraînement des matières*. Dans celle-ci, de beaucoup la plus importante, nous aurons de nombreuses subdivisions ou distinctions à établir. Occupons-nous d'abord de la première.

---

(1) Scipion Gras, ouvrage précité. — Philippe Breton, *Mémoire sur les barrages de retenue des graviers*, 1867. Paris, Dunod.

(2) Costa, l c. 1 remière partie.

§ 1er. — PÉRIODE DE STABILITÉ DU LIT. — Considérons un cours d'eau à régime instable, autrement dit un torrent en activité, dans l'intervalle de deux crues successives. L'eau est claire et s'écoule paisiblement avec un débit constant, le lit est tapissé de pierres de formes et de grosseurs variées. Ces pierres, suivant leur volume et la quantité d'eau débitée, peuvent émerger dans une proportion plus ou moins forte au-dessus de la nappe d'eau, ou bien en être entièrement recouvertes. Dans le premier cas, la nappe liquide se brise à tout instant contre chacun de ces multiples obstacles, autour desquels elle forme des remous, des déviations qui se heurtent et s'entrechoquent de mille manières et dont l'ensemble, malgré cet apparent désordre de détail, forme cependant un tout régulier et permanent : un murmure clair, élevé, monotone, (le *susurrus* de Virgile) accuse, par cette monotomie même, la stabilité du mouvement de l'eau. — Dans le second cas, celui où toutes les pierres, petites ou grosses, sont ensevelies dans la profondeur de l'eau, l'effet du choc des tranches d'eau inférieures contre ces obstacles se traduit par influence à la surface en des ondulations d'autant plus accentuées que cette surface est plus rapprochée de l'extrémité supérieure des pierres principales, autrement dit que la couche d'eau est moins profonde : de telle sorte que si la nappe liquide est parfaitement unie, l'on peut en conclure que le fond l'est également et ne contient aucune aspérité.

Les pierres du fond, dans cet état de repos, subissent la loi de tous les corps plongés dans un liquide en mouvement : chacune d'elles éprouve, par le choc de la veine fluide qui vient frapper contre elle, une certaine impulsion qui croît *comme le carré de la vitesse* de cette veine et *en proportion simple de la densité* du fluide et de la surface frappée par lui. Cette double loi de croissance a une très grande importance. C'est elle qui cause et le transport des matériaux par les eaux, et l'action érosive ou affouillante dans leur lit. Quand la vitesse du filet liquide dépasse une certaine limite, elle l'emporte sur le pouvoir résistant de tel corps, gravier, galet ou bloc, lequel se met alors en mouvement. Ce minimum de vitesse, qui produit une impulsion égale à la résistance et au delà duquel l'objet résistant est entraîné, a reçu le nom de *vitesse limite d'entraînement*. Il varie avec chaque corps plongé, croissant avec le volume, le poids et aussi la forme plus ou moins aplatie de l'objet ; un galet plat et reposant sur sa partie plate offrant plus de résistance, par exemple, qu'un caillou arrondi ou sphérique (1), dont le centre de gravité n'a pas, comme celui du caillou plat, à s'élever ou à s'abaisser pour se déplacer (2). La vitesse limite d'entraînement varie encore suivant que le corps est simplement posé sur le sol, ou y est plus ou moins enfoncé, ou encore est plus ou moins solidement calé par d'autres pierres ou galets placés en aval. S'il arrive que les objets de dépôt tapissant le fond du lit soient assez nombreux et assez pressés pour se caler tous les uns les autres, les résistances individuelles de chaque objet se réunissent en une composante générale de l'ensemble du lit contre la poussée totale du liquide, et chacun d'eux tend à prendre non pas la position correspondant à la vitesse limite d'entraînement qui le concerne individuellement, mais bien celle qui convient le mieux à la résistance générale du lit. Ce résultat se réalise si admirablement qu'il serait difficile, dit M. Costa, d'atteindre la même solidité par des procédés artificiels : on ferait un pavage offrant plus de régularité ; mais on ne parviendrait pas, au moins avec les mêmes éléments, « à un égal brisement de la force résultant de tous les frottements, de tous les ralentissements de vitesse, de toutes les réactions de l'eau qui se produisent dans ce désordre apparent, obtenu naturellement. »

Telle est la loi du torrent pendant la durée de ses inter-

(1) Scipion Gras, l. c., p. 15.
(2) Philippe Breton, *Mémoire*, p. 10.

mittences de stabilité, alors qu'il joue le rôle d'un simple ruisseau. Mais il peut arriver, — et il n'arrive que trop souvent, — que la vitesse du courant continue à croître jusqu'à dépasser la limite d'entraînement relativement à l'ensemble des éléments solidarisés de son lit, et dès lors le torrent passe à la période dite d'entraînement des matériaux, qui est celle de son activité effective.

§ 2. Période d'entrainement des matériaux. — Nous aurons à distinguer ici deux modes bien distincts de cet entraînement : le mode qu'on pourrait appeler *électif* ou *de triage*, et le *transport en masse* ou *courant de matière;* deux types caractérisés entre lesquels on peut, du reste, observer tous les intermédiaires. Il y aura ensuite à étudier (II) la loi et les effets des *variations de la vitesse*, puis (III) les lois du *dépôt des matières* qui correspondent aux deux modes d'entraînement, et enfin (IV) *celles de la viscosité et de la densité* dont l'importance est considérable.

I. *Transport électif, transport en masse et courant de matière.* — Quand la crue du courant a amené celui-ci à dépasser la vitesse limite d'entraînement de son lit, la désagrégation de ce dernier commence par les plus petits d'entre les éléments dont il se compose, lesquels sont d'abord entraînés. Ces éléments, ayant pris la position la plus favorable à la résistance générale du lit et non à leur résistance particulière, subiront d'autant plus vite l'entraînement, et avec une vitesse d'autant plus grande, que, leurs cales étant enlevées, ils se retrouveront dans l'état de résistance isolée et qu'ils auront moins de volume et moins de poids : les grains de sable les plus fins partiront les premiers et avec le maximum de vitesse, les grains un peu plus gros les suivront de près, puis derrière eux les graviers, ensuite les galets par ordre de grosseur, ensuite, le cas échéant, les blocs et quartiers de roche. C'est ainsi que le premier résultat de l'accroissement de la vitesse du courant sera la *séparation des matériaux* d'après leur grosseur.

La vitesse continuant à croître et avec elle la force d'entraînement, ces corps seront détachés du lit en plus grand nombre, se presseront davantage les uns contre les autres ; il arrivera un moment où, au lieu d'être entraînés isolément chacun sous la seule impulsion du filet d'eau en contact avec lui et proportionnellement à sa surface de contact, les matériaux arriveront à se toucher, à se heurter, les plus petits poussant les plus gros et leur communiquant une partie de leur excès de vitesse. La vitesse des derniers se trouvera donc accélérée, celle des premiers ralentie, et peu à peu les vitesses partielles de tous les corps entraînés finiront par se confondre en une résultante générale et commune à toute la masse. Toute élection, tout triage cesse alors entre les matériaux, et l'on a le *transport en masse*. Il y a plus. Lorsque l'action élective s'est affaiblie graduellement jusqu'à devenir nulle, le maximum des effets possibles de l'entraînement est loin d'être atteint ; il peut arriver que le volume total des matières charriées devienne supérieur au volume de l'eau qui perd alors de sa fluidité et de son mouvement et ne joue plus qu'un rôle subordonné : on n'a plus alors à proprement parler un courant d'eau charriant plus ou moins de corps étrangers, on a un *courant de matière* et d'une matière qui ne peut assurément pas être assimilée à de l'eau, encore que l'eau entre pour une certaine part dans sa composition. Ce courant se formera d'autant plus vite que les matériaux étant plus petits et de dimensions pareilles, comme des grains de sable, ou des particules de limon, par exemple, leurs points de contact sont plus nombreux et leur vitesse commune plus promptement établie. Si le courant continue à se charger indéfiniment, un moment viendra où sa puissance de transport sera épuisée relativement à sa vitesse ; ou bien la vitesse pourra, sans surcroît de charge, éprouver du ralentissement par suite de quelque autre cause. Dans l'un et l'autre cas, le courant laissera un dépôt correspondant à l'excès de sa charge sur sa puissance d'entraînement, sauf à le reprendre en tout ou partie, toujours proportionnellement à la vitesse, si cette vitesse vient ultérieurement à croître de nouveau. Toutefois le fait soit du dépôt, soit de la reprise des matériaux par le courant, ne se manifeste point au hasard, mais suivant aussi un mode électif : le courant tend à se débarrasser des matériaux les plus volumineux et les plus lourds et à compléter sa charge avec les plus menus, par un effet, approprié à des conditions nouvelles, de la loi d'élection des matériaux indiquée plus haut. La vitesse conservée par un cours d'eau chargé à saturation de gravier, par exemple, se trouvant à peu près égale à la vitesse limite d'entraînement des blocs les plus résistants, pour peu que celle-ci vienne à s'abaisser à une limite inférieure, les gros matériaux rentreront ou resteront à l'état de repos.

On a dit plus haut que l'impulsion subie par un corps plongé dans un liquide en mouvement croît *comme le carré de la vitesse* dont ce liquide est animé, et *en proportion simple de la densité* du fluide et de la surface d'application de la poussée. C'est en vertu d'une loi semblable que s'exécutent les transports de matières dont nous venons de parler et que se produit la tendance du courant à attaquer les aspérités de son lit et à le dégrader, à *l'affouiller*, lorsque la résistance est inférieure à l'action érosive, le travail de celle-ci croissant également comme le carré de la vitesse. Ainsi la puissance d'affouillement et celle d'entraînement proviennent d'une même cause; seulement, remarque très importante, les actions de ces deux puissances sont en raison inverse l'une de l'autre. En effet, plus la quantité des matériaux entraînés est considérable, plus augmente la résistance à l'impulsion due à la vitesse du courant, et plus diminue, par suite, cette vitesse : or la puissance d'érosion croissant comme le carré de la vitesse, décroît aussi dans la même proportion ; donc l'affouillement est d'autant plus faible que l'entraînement est plus fort : d'où, par une réciprocité évidente, plus la puissance érosive est grande, plus faible est l'entraînement. Lors donc que la charge est arrivée à son maximum relativement à la vitesse du courant, à tout affouillement qui peut se produire doit correspondre aussitôt un dépôt équivalent aux matières détachées, puisque l'adjonction de celles-ci à l'ensemble de la masse détermine un ralentissement de vitesse et par conséquent une diminution dans la puissance d'entraînement ; tout le travail de charroi de matériaux se trouve ainsi dépendre exclusivement des variations de la vitesse. Il est donc nécessaire d'étudier la loi de ces variations.

II. *Des variations de la vitesse*. — Que faut-il entendre par cette expression de « variation de la vitesse ? » Évidemment, c'est la différence entre les quantités de déplacement d'un mobile quelconque pendant deux unités de temps consécutives. Le temps est un des facteurs importants de la mesure du travail ; et de deux forces dont l'une accomplira en une seconde le même travail que l'autre en deux, celle-ci ne sera que moitié de la première. Il faut donc préciser les variations de la vitesse pour se rendre un compte exact de l'importance des effets réalisés. La vitesse peut varier par accélération ou par ralentissement : la loi est la même dans l'un et dans l'autre cas et les effets peuvent être considérés comme semblables mais *avec signes contraires*. Appelons *différentielle* la variation élémentaire par laquelle la vitesse donnée passe d'une grandeur à une autre plus grande (accélération) ou plus petite (ralentissement). Si la différentielle suit une progression arithmétique, la vitesse suivra une progression géométrique ; autrement dit : *la vitesse varie comme le carré de la différentielle*. Nous avons vu que le travail varie comme le carré de la vitesse ; il varie donc en même temps *comme la quatrième puissance de la différentielle* (accélération ou ralentissement). Que si l'on compare deux courants dont l'un sera animé d'une vitesse de valeur élevée mais uniforme, et l'autre d'une vitesse relativement faible mais rapidement accélérée, ce sera ce dernier dont la puissance d'affouillement sera la plus considérable, tant il est vrai que l'effet utile d'une force ne dépend pas seulement de la puissance d'action mais encore de son mode d'emploi (I).

La vitesse d'un courant peut varier, soit avec le signe + c'est-à-dire en accélération, soit avec le signe — c'est-à-dire en ralentissement, de trois manières : la différentielle peut être *croissante*, —*constante*, — ou *décroissante*.

Examinons chacun des six cas fournis par l'hypothèse :

1° Dans le cas d'accélération croissante, la vitesse qui s'élève comme le carré de la différentielle, c'est-à-dire, ici, de l'accélération, peut, si la progression ascendante est très accentuée, atteindre les effets d'une rapidité allant jusqu'à l'instantanéité. Comme, en même temps, la puissance d'affouillement et d'entraînement augmente comme la quatrième puissance de cette même différentielle, il n'y a que des blocs énormes, offrant par leur masse et leur mode d'agrégation une assiette inébranlable, ou bien un lit creusé dans une roche très dure, qui puissent, en pareil cas, résister à l'affouillement et à l'entraînement : en dehors de cette condition, ces deux effets se produiront en une proportion énorme et avec un triage de matériaux des plus énergiques.

2° Si l'accélération est constante, les effets seront encore de même nature mais d'une énergie sensiblement moindre, puisque la progression géométrique de la vitesse, toujours parallèle à la progression arithmétique de l'accélération, sera par là même limitée.

---

(1) Réciproquement, étant donnés deux courants inégaux dont le plus faible posséderait un mouvement uniforme tandis que le plus fort serait animé d'une vitesse rapidement décroissante, la tendance à l'affouillement de ce dernier pourrait s'anéantir rapidement, tandis que celle du premier, toujours égale à elle-même, serait, par le fait, plus efficace.

3° Quand l'accélération est décroissante, la vitesse continue encore à croître mais de moins en moins vite, et si la raison de la progression décroissante est élevée, les effets résultant de l'accélération tendront à s'anéantir brusquement ; lorsque enfin la décroissance de l'accélération arrive à égaler à zéro cette dernière, la vitesse cesse de croître et reste égale à elle-même ou, autrement dit, devient constante. Puis enfin, si l'accélération, continuant à décroître, descend au-dessous de zéro, elle devient négative, change de nom en même temps que la différentielle de signe et devient ralentissement.

4° Nous arrivons ainsi au quatrième cas. La différentielle est encore croissante, mais avec le signe — ; le ralentissement se fait de plus en plus sentir. La puissance d'affouillement et d'entraînement décroît comme la quatrième puissance de la différentielle, d'où l'affouillement lui-même cessera, tandis que le courant abandonnera une énorme portion de sa charge avec une grande rapidité, brusquement, instantanément même, si la raison de la progression de ralentissement est suffisamment élevée.

5° et 6°. — Le ralentissement constant et le ralentissement décroissant, c'est-à-dire de moins en moins accentué, produiront des effets de même nature que le ralentisssement croissant, mais avec une énergie de moins en moins grande, effets exactement inverses de ceux des deuxième et troisième cas, et pour les mêmes raisons. Quand le ralentissement, toujours décroissant, arrive à zéro, c'est-à-dire est devenu nul, s'il continue à décroître, sa valeur change de signe et il devient accélération.

La puissance dynamique d'un courant est donc essentiellement subordonnée aux variations de la vitesse, mais celles-ci ne bornent pas là leurs effets : elles exercent en outre sur lui une action physique d'une grande importance en altérant ou modifiant, en ce qui le concerne, l'action de la gravitation. C'est l'action de la pesanteur qui détermine la marche d'un courant, autrement dit sa vitesse. Sur une surface parfaitement horizontale, l'effet de la pesanteur sur un liquide est neutralisé par la résistance du plan ; la vitesse est nulle, s'il n'y a pas d'impulsion d'autre part, il n'y a pas de courant. Si, par une cause quelconque, le plan vient à s'incliner, le courant naîtra aussitôt, déterminé par le poids même du liquide, et sa vitesse sera d'autant plus grande que l'inclinaison sera plus prononcée, comme réciproquement elle sera d'autant plus faible que le plan formera avec l'horizon un angle moindre. Ainsi déterminée par le degré de déclivité de la pente, l'action de la pesanteur ne subit aucune variation quand la vitesse du courant est constante ou uniforme. Mais quand la vitesse subit des variations, les effets de la pesanteur suivent les mêmes vicissitudes, et il résulte de ces inégalités d'action des phénomènes dont il est important de bien se rendre compte.

La pente sur laquelle règne un courant uniforme ne variant point, supposons que, par une cause différente, un ralentissement se manifeste dans ce courant. Le cas est le même, relativement à l'action de la pesanteur, que si le ralentissement provenait d'un adoucissement de la pente : cette action est moindre. Et *vice versa* dans le cas d'une accélération. L'action d'une variation sur la vitesse d'un courant équivaut donc à une variation correspondante dans l'action de la pesanteur. Pour étudier de quelle manière s'exercera cette action, examinons d'abord la variation sous la forme d'un ralentissement. La diminution de la pesanteur peut être exprimée, pour chaque molécule du liquide en mouvement (1), par une sorte de poussée équivalente à la diffé-

(1) Les mêmes considérations et raisonnements peuvent s'appliquer aux corps étrangers plongés dans l'eau et entraînés par le courant, aussi bien qu'aux molécules mêmes de l'eau dont ils subissent l'influence. Ces corps reçoivent tous également une poussée de bas en haut d'autant plus énergique que la surface du corps est plus grande par rapport à la masse : c'est ainsi qu'à poids égaux, un galet plat sera soulevé plus facilement qu'un caillou se rapprochant de la forme sphérique.

rence entre les deux actions de la pesanteur sur cette molécule avant et après le ralentissement. Si l'on considère dans le courant un filet d'eau vertical, sa molécule supérieure subira l'action des poussées de toutes les molécules situées au-dessous d'elle jusqu'au fond du lit, et de même pour tous les autres filets ou tranches idéales dont se compose la masse du liquide ; ce qui revient à dire que la poussée générale sera proportionnelle à la profondeur du courant. Et s'il arrive que le 4e cas de variation de la vitesse se réalise, c'est-à-dire, si le ralentissement va croissant, la poussée ou action soulevante croîtra pareillement. De là *une courbure de la surface*, un bombement, faiblement accentué si la progression du ralentissement est lente, très prononcé si elle est rapide (1). La variation de la vitesse est-elle de signe positif, c'est à-dire une accélération, ses effets, par rapport à l'action de la pesanteur, seront naturellement inverses : la poussée exercée sur le liquide dans le sens de la verticale se fera non plus de bas en haut comme tout à l'heure, mais de haut en bas, et elle sera pareillement proportionnelle à la profondeur du courant. La surface de celui-ci tendra ainsi à une courbure, mais en sens inverse, une concavité au lieu d'un bombement. Seulement la poussée de haut en bas rencontrant au fond du lit une résistance plus forte que la poussée de bas en haut, la courbure concave due à l'accélération sera moins prononcée que la convexité due au ralentissement.

Tous ces effets, on le voit, sont indépendants du *degré* de la vitesse et ne résultent que du mode de sa *variation* ; et M. Costa de Bastélica, généralisant ces données, ajoute que toutes les ondulations de la surface de l'eau, soit dans les cours d'eau *soit dans les mers*, sont ainsi ramenées à des variations, quelle qu'en soit la cause, dans l'action de la

---

(1) « Si le ralentissement est brusque ou produit par un choc, dit M. Costa de Bastélica, l'action soulevante sera d'autant plus forte que la vitesse initiale était plus grande. C'est tout simplement, comme on le voit, la théorie du mascaret. » (Loc. cit., p. 36).

pesanteur (1). On sait que celle-ci, qui, dans le cas d'un courant, varie suivant le degré de la pente, a pour mesure le sinus de l'angle que cette pente fait avec l'horizon ou, ce qui revient absolument au même, le cosinus de l'angle qu'elle fait avec la verticale. Cette action se meut donc dans d'assez étroites limites, variant de zéro à la longueur du rayon de l'arc ; et oscillant ainsi toujours à peu de distance de l'unité, elle se compense sans cesse par une réaction équivalente. De là les oscillations rythmiques de l'Océan et de la mer. De là, dans les cours d'eau proprement dits et, d'une manière incomparablement plus accentuée, dans les torrents, une perturbation en rapport avec les causes générales ou accidentelles des variations de la vitesse, ce dont nous verrons plus loin les importantes conséquences.

III. *Lois du dépôt des matières.* — Nous avons constaté plus haut qu'il y a plusieurs modes de transport des matériaux charriés par un cours d'eau, modes qui se résument dans le transport électif ou par triage et dans le courant de matière, deux extrêmes entre lesquels peut s'observer la série continue des intermédiaires. Il y a de même deux modes de types de dépôt avec modes mixtes entre eux, correspondant exactement aux modes de transport que nous avons étudiés. Suivant que les matières étrangères charriées par le courant n'altèrent point la fluidité et la densité naturelle de l'eau et s'y comportent comme corps étrangers, ou quelles s'incorporent plus ou moins au liquide de manière à changer la nature de la masse en mouvement, comme dans le cas du courant de matière, les effets produits seront fort différents et nous les étudierons à part. Dans ce paragraphe, les lois de dépôt que nous nous proposons d'examiner sont celles qui supposent l'eau conser-

(1) L. c., p. 38.

vant sa fluidité normale autour des corps étrangers qu'elle entraîne.

Le triage des matériaux dans un tel courant résulte des vitesses inégales avec lesquelles ces corps sont emportés, chacun d'eux résistant isolément pour s'arrêter quand sa résistance devient supérieure à la vitesse limite d'entraînement en ce qui le concerne. Tous les objets entraînés se classent ainsi d'après leur poids et leur volume, et tous ceux qui sont doués d'une force de résistance égale tendront, en se déposant au fond du lit, à y tracer une pente déterminée par la vitesse limite d'entraînement qui leur correspond. Conséquemment, les matériaux, en se classant par ordre de volume et de poids, tendront à former une série de pentes allant en décroissant de l'amont à l'aval, puisque leur force de résistance décroît comme le carré de la vitesse du courant alors que leurs dimensions ne diminuent que suivant une progression arithmétique. Si ces matériaux sont assez variés en quantités et en volumes pour passer d'une manière à peu près continue par tous les degrés de grandeur, le profil en long de la série des dépôts formera une courbe concave vers le ciel, se rapprochant de plus en plus de la verticale en remontant vers l'amont et de l'horizontale en descendant vers l'aval. Cette courbe sera formée d'une série de pentes ayant chacune une longueur proportionnelle à l'abondance des matériaux qui la constituent ; de sorte que si cette abondance tend à s'accroître dans toutes les classes de matériaux, le cours d'eau tendra à augmenter l'étendue de son profil en long, autrement dit à s'accroître en longueur, et cette tendance aura pour effet soit de reculer l'embouchure aussi loin que possible, soit, si cet allongement n'est pas suffisant, *à augmenter les contours et sinuosités du parcours.* Ainsi, lorsque domine, dans un cours d'eau, la puissance d'affouillement et d'entraînement, le courant tend à allonger son parcours, afin d'adoucir les pentes et de classer les matériaux. — Tout au contraire, quand domine la puissance de dépôt, le courant tend à raidir ses pentes, et fait ainsi franchir plus vite et avec le moins de résistance possible aux matériaux l'espace qui sépare le point où commence le ralentissement de celui où il finit. Il en résulte, en cette partie, un profil tendant vers la direction rectiligne, ce qui convient peu à la stabilité du courant, mais beaucoup au transport des matières, la pente étant plus forte et les frottements moindres (1).

L'embouchure d'un cours d'eau peut débiter des matériaux en quantité égale ou inférieure à celle qu'il reçoit d'amont. Dans le premier cas, il est évident que le lit est devenu stable, puisque le courant ne dépose plus. Dans le second, de deux choses l'une : Ou le lit a des rives fixes et élevées qui ne permettent pas son déplacement horizontal ; alors les dépôts amèneront un exhaussement du fond du lit par suite duquel la courbe normale d'écoulement de l'eau se trouvera faussée, et en raison de la quantité des matériaux déposés, et en raison de leur volume et de leur proportion dans chaque classe ; la tendance générale sera le rétablissement, à un niveau plus élevé, de la courbe normale du lit. Ou bien les rives du lit sont généralement peu élevées et n'opposent, en cas de crue, aucune résistance au déplacement du courant : nous ne supposons pas à celui-ci une largeur uniforme dans toute l'étendue de son parcours, attendu que si la chose est théoriquement possible, elle ne se réalise pour ainsi dire jamais en montagne ; mais presque toujours le courant passe alternativement par des rétrécissements comparables au goulot étroit d'un vase à large panse et par des épanouissements qui exercent, les uns et les autres, sur sa vitesse une influence bien plus marquée que la variation de la pente. Chaque élargissement amène un ralentissement et chaque étranglement une accélération qui croissent l'un et l'autre en fonction même de la section d'épanouissement ou de rétrécissement. Considérons un courant à sa sortie d'un goulot; il éprouve un ralentissement

(1) L. c, p. 48.

proportionnel à l'écartement croissant des rives (1) lequel atteint son maximum pour commencer à décroître progressivement (2) jusqu'au point où se fait sentir l'appel d'accélération du goulot d'aval ; là il arrive à zéro, puis continue sans interruption en changeant de signe pour devenir accélération croissante (3).

On appelle *point de passage* le point où le ralentissement croissant change de signe, et M. Costa propose d'appeler *point maximum* cet autre point, situé plus en avant, où ce ralentissement commence à décroître. Ces deux points, mais surtout le premier, ont une importance considérable.

En aval du *point de passage* aucun dépôt ne peut se former ; car, dans le courant en ralentissement qui le précède, s'arrêtent tous les matériaux dont la résistance est supérieure à la vitesse limite d'entraînement de cette partie du courant ; et quant à ceux dont le pouvoir résistant est inférieur, à plus forte raison l'est-il à la limite du courant en accélération qui suit ; ils sont donc entraînés et passent dans le goulot pour s'arrêter à son aval, là où le ralentissement est suffisant. Il n'y a donc pas d'exhaussement possible au *point de passage*, mais bien en amont de ce point, et le sommet, le point culminant de ce dépôt coïncidera avec le *point maximum*. De là résultera, l'action étant toujours continue, une courbure de la surface de l'eau ayant sa plus grande connexité au dit *point maximum* où le ralentissement est le plus fort. Au *point de passage* où recommence l'accélération (c'est-à-dire où la différentielle de vitesse change de signe), la courbure change de sens: convexe en amont, elle devient concave en aval. Or, tant que la quantité des matériaux arrivant de plus haut est supérieure à celle que débite le courant à partir du point de passage, l'exhaussement s'accroît, raidissant les pentes d'amont qui en deviennent d'autant plus propres à l'entraînement des

(1) 4e cas de variation de la différentielle de vitesse. *Vide supra.*
(2) 6 cas. — Ibid.
(3) 1e cas. — Ibid.

corps étrangers et, par suite, à diminuer l'écart existant entre leur apport et leur débit ; et quand cet écart devient nul, il n'y a plus accroissement de l'exhaussement ou du dépôt, le profil du lit devient stable.

Le *point de passage* et le *point maximum* ne demeurent pas fixes : à mesure que les pentes se raidissent le ralentissement s'atténue, et les matériaux entraînés atteignent plus vite le point maximum du ralentissement et le point de passage du ralentissement à l'accélération. De là une tendance de ces deux points à remonter vers l'amont. La forme de la courbe, une sorte d'S plus ou moins accusée, n'en est pas changée ; mais la concavité d'aval, en remontant vers l'amont, fait remonter d'autant la convexité. Si l'apport des matériaux devenait inférieur à la capacité de débit du point de passage et du goulot qui le suit, l'accélération (ou, autrement dit, le point de passage) se propagerait de plus en plus vers l'amont, et de plus en plus rendrait au courant sa puissance d'affouillement, en sorte que, loin de continuer à déposer, il encaisserait son lit dans ses propres dépôts. Tout, dans le mode d'action de cette loi de dépôt, est, on le voit, subordonné à celle de l'apport des matières : lent à se former quand les matières entraînées sont peu abondantes, le dépôt met au contraire à se réaliser une rapidité allant jusqu'à l'instantanéité lorsqu'elles arrivent brusquement et par transport en masse. Enfin remarquons que, dans la réalité, la continuité que nous avons indiquée n'a pas lieu avec cette régularité toute théorique. Les crues des torrents n'étant jamais que temporaires et toujours rapides, il arrive souvent qu'une seule d'entre elles ne dure pas assez longtemps pour réaliser tous les phénomènes que nous avons décrits : mais la suivante les reprend au point où la première les avait laissés, et finalement le résultat dernier présente bien, comme effets, la série continue de tous ces phénomènes.

IV. *Lois de la viscosité et de la densité.* — Nous avons

considéré, dans le paragraphe précédent, les lois des courants d'eau plus ou moins chargée de matériaux étrangers, mais conservant néanmoins, ou étant censée conserver sa fluidité, sa densité normale, — nous allions dire son individualité. Lorsque les matières charriées s'accroissent au point que leur transport en masse finit par changer le cours d'eau en ce que nous avons appelé *courant de matière* (§ 1), les lois que nous avons exposées dans les paragraphes précédents peuvent se trouver modifiées au point de paraître comme des lois différentes.

Quand une matière solide, mais très divisible, est délayée dans de l'eau, le liquide qui résulte de ce mélange intime a moins de fluidité que l'eau primitive. Les molécules de la matière délayée, s'interposant entre les muolécles de l'eau, augmentent les frottements de celles-ci contre les autres ainsi que leurs attractions réciproques et atténuent d'autant leur mobilité, autrement dit la fluidité du liquide. Nous appellerons *viscosité* cet état particulier. On comprend que le degré de viscosité — et par conséquent de fluidité — puisse varier plus ou moins, suivant la quantité de matière délayée. Cette quantité peut être assez grande pour enlever à l'eau sa transparence et sa limpidité, sans être suffisante cependant pour diminuer sa fluidité d'une manière sensible. Le cube solide ainsi transporté à la mer, par exemple, s'il s'agit d'un fleuve, n'en sera pas moins considérable en chiffre absolu ; mais ce chiffre sera encore insignifiant au regard du volume d'eau qui l'aura transporté. De toutes les substances susceptibles de se délayer ainsi, celle qui possède cette propriété au plus haut degré, tout en étant dans la nature, et surtout dans les Alpes, d'une abondance extrême, c'est l'argile. La saturation de l'eau par l'argile n'a pas de limites ; au fur et à mesure de l'adjonction de parcelles nouvelles de cette substance, le liquide s'épaissit davantage, c'est-à-dire qu'il perd de plus en plus sa fluidité et finit par arriver à une sorte de condition mixte entre les états liquide et solide. Quand une matière de cette nature coule dans le lit d'un torrent, elle prend le nom de *lave*, par suite de la très grande analogie que présente sa consistance, sauf la température, avec les matières en fusion qui s'écoulent des cratères de volcans en activité. Mais la faculté d'assimilation mutuelle des molécules d'eau et d'argile peut aller plus loin encore, la fluidité décroissant de plus en plus pour finir par disparaître, remplacée par un état pâteux bien plus voisin de la solidité physique que de l'état liquide. Il est aisé de comprendre comment la vitesse d'un courant est d'autant moindre, toutes choses d'ailleurs égales, que le liquide devient moins fluide, autrement dit plus épais, plus visqueux. L'eau, à l'état normal, remplit rigoureusement les conditions d'un corps fluide, ses molécules glissent librement les unes sur les autres sous l'action de la pesanteur et avec le minimum de frottement; à l'état de courant elles possèdent, pour une pente donnée, le maximum de *quantité de mouvement*. On sait que la « quantité de mouvement » n'est autre chose que le produit de la masse par la vitesse, et la quantité de mouvement du cours d'eau entier est la somme de celles de toutes ses molécules. La viscosité résultant du délayement dans l'eau de matières solides a pour effet, on l'a dit, d'augmenter le frottement et l'attraction mutuelle des molécules, et par conséquent de diminuer leur vitesse; leur quantité de mouvement en est donc également diminuée. Il est vrai que la masse est augmentée en même temps; mais nous savons que la force d'impulsion du liquide ou, ce qui revient au même, la résistance des corps solides à cette impulsion, croît d'une part en proportion simple de la masse et de l'autre en proportion du carré de la vitesse: conséquemment l'action de la vitesse l'emporte sur celle de la masse; et quand celle-ci augmente en même temps que la première diminue, c'est finalement la quantité du mouvement qui en éprouve une réduction. Dans ces conditions, la puissance affouillante d'un courant s'affaiblira par le fait de la diminution de vitesse, en même temps que sa

puissance d'entraînement s'accroîtra ; et si la masse augmente d'une manière en quelque sorte indéfinie, il arrivera
un moment où cette puissance d'entraînement du courant
boueux deviendra irrésistible, même pour des blocs énormes, pour des amas de matière que jamais un simple courant d'eau vive, de quelque vitesse qu'on le suppose animé,
n'eût pu seulement ébranler.

La marche de l'action d'un torrent, dans certain cas, peut
donc se résumer ainsi : le courant d'eau vive commence
par affouiller son lit et ses berges, se charge de plus en
plus des matières arrachées aux versants sur lesquels il
coule, finit par en être saturé ; la viscosité du liquide s'accentue toujours davantage et le ralentissement de la vitesse
se fait de plus en plus sentir, en même temps qu'augmente
la masse du courant. L'impulsion grandit de deux manières,
et comme le carré d'une vitesse qui diminue sans cesse
il est vrai, mais de plus comme la masse qui, elle, augmente en quelque sorte indéfiniment. De là cette action
motrice irrésistible dont nous venons de parler. Ce n'est
pas tout. Le volume du courant n'augmente pas, en s'é-
paississant, à proportion de sa masse, et sa densité s'accroît d'autant. Par suite, les corps solides immergés, tels
que galets et blocs plus ou moins volumineux, perdent une
portion de leur poids d'autant plus grande ; ils deviennent,
autrement dit, de plus en plus légers relativement au
fluide immergeant. Au début de la viscosité, ce sont d'a-
bord les limons fins qui sont soulevés et arrivent sans
peine jusqu'à la surface, puis les sables, puis les graviers,
puis les galets ; tout cela s'échelonne en hauteur suivant
les densités respectives, et lorsque la viscosité arrive à
changer le liquide en une boue épaisse, sa *puissance vé-
hiculaire*, pour emprunter encore l'une des expressions de
M. Costa, n'a pour ainsi dire pas de limite. Alors le transport
en masse s'opère non seulement entre menus matériaux de
volumes semblables, mais même entre les éléments les plus
disparates, du grain de sable fin au galet volumineux, du

simple gravier au quartier de roche mesurant plusieurs mètres cubes. Et tout cela, pêle mêle, sous l'influence de la viscosité, est entraîné comme en bloc, sans rouler, en perdant la liberté des mouvements propres individuels; chaque objet, encastré dans la lave suivant sa position d'équilibre, est emporté presque sans usure et sans frottement, suivant une vitesse commune peu élevée mais à laquelle aucun obstacle ne peut être opposé. Souvent, après une crue, le touriste ou l'habitant qui vient visiter le lit du torrent contemple avec stupeur d'énormes blocs dont un mince filet d'eau humecte à peine la base et que la veille on ne voyait point. Ce n'est pas le filet, le cours d'eau, si prématurément grossi qu'on le suppose, qui eût pu déplacer de pareils quartiers de roche ; un courant d'eau vive, quel que soit son volume, a sa plus grande action dans sa vitesse, et jamais celle-ci ne saurait ébranler d'aussi grands poids. Seul, un puissant courant de matière, ayant pour base une lave compacte, a pu accomplir un pareil travail.

Rarement toutefois, au moins relativement, le transport en masse se manifeste avec une telle puissance. Et comme, entre ce cas extrême et le courant d'eau vive, tous les intermédiaires peuvent se rencontrer, c'est l'*état moyen* entre les deux qui est le plus fréquent. On a alors un courant déjà boueux, mais où le liquide conserve néanmoins encore une fluidité suffisante pour atteindre une grande vitesse dans les pentes rapides, en même temps qu'il a déjà assez de viscosité pour donner lieu facilement au transport en masse dès que les objets entraînés deviennent surabondants. Grâce à cette fluidité relative du torrent à l'état moyen, les corps entraînés conservent, dans une certaine mesure, leurs mouvements propres et individuels ; ils tendent ainsi à rouler sur eux-mêmes d'une manière d'autant plus accusée que le ralentissement du courant est plus marqué et qu'ils sont plus volumineux. Ce fait, fort digne d'attention, s'explique par cette circonstance que quand, en suite du ralentissement du courant, les corps transportés reprennent la liberté entière de leurs mouvements propres, la quantité de mouvement de chacun d'eux est proportionnelle à sa masse : plus donc la masse d'un corps en ces conditions est grande, plus grande est aussi sa quantité de mouvement. Celle-ci est d'ailleurs plus accentuée (en raison de la vitesse acquise) à la suite d'un ralentissement plus considérable ; et ainsi « les blocs les plus gros tendront à devancer les plus petits avec un mouvement de rotation plus grand (1). » Par là s'explique cette particularité curieuse, que les cailloux ou blocs roulés approchent d'autant plus de la forme sphérique qu'ils sont plus gros (on en voit d'un mètre de diamètre qui sont des sphères parfaites), tandis que les graviers ont leurs arêtes à peine émoussées, et que les grains de sable observés à la loupe sont restés nettement anguleux : le mouvement de rotation peut seul donner l'explication de la forme sphéroïdale ou sphérique des blocs entraînés. On trouve là aussi la solution d'une question assez controversée, celle des pierres plus ou moins volumineuses qu'on voit souvent projetées soit de côté, soit en avant du torrent, comme de véritables projectiles et avec assez de violence pour franchir des ponts, des digues ou autres obstacles : à un ralentissement brusque du courant, la lave ayant encore trop de fluidité pour empâter les solides entraînés et les immobiliser dans sa masse, ceux-ci, en vertu de la vitesse acquise et de leur quantité de mouvement au moment du ralentissement, continuent leur course avec d'autant plus d'énergie qu'ils cessent en même temps d'être soumis à la loi du transport en masse.

En résumé, dans le courant torrentiel, tout se ramène à des variations de vitesse équivalant à des variations de la pesanteur, et tout ce qui tend à accroître ces variations tend du même coup à augmenter la perturbation du courant. Tant que l'eau conserve à peu près sa fluidité ordinaire, l'abondance des matières entraînées, si grande qu'elle

____
(1) Costa de Bastélica, p. 58.

puisse être momentanément, donne difficilement lieu, quand
la pente est rapide, à des dépôts bien importants ; la puissance d'affouillement qui ne tarde pas à prendre un très
grand développement a bientôt effacé les effets colmatants
ou d'atterrissement d'un ralentissement accidentel. Mais
faisons intervenir, dans une mesure suffisante, la viscosité :
aussitôt le ralentissement devient si marqué que l'action
atterrissante, c'est-à-dire, le dépôt des matières, se produit sur une grande échelle et presque instantanément.
Le *point* du ralentissement *maximum* tend à se rappro-
cher du *point de passage* du ralentissement à l'accélération,
et réciproquement, et il en résulte une « action soulevante »
très énergique qui accentue d'autant plus la convexité du
profil (1).

Si maintenant nous cherchons à grouper dans un ensemble sommaire les grandes lignes de ce chapitre, bien abstrus
sans doute mais d'une grande importance, nous rappelle-
rons que nous avons considéré le torrent dans ses deux
phases d'action : 1° la phase ou période de stabilité, entre
deux crues consécutives, pendant laquelle il obéit aux
mêmes lois que tout autre cours d'eau d'importance analogue, et 2° la phase ou période torrentielle proprement
dite, que caractérisent surtout l'affouillement du lit, le
transport ou l'entraînement et le dépôt des matériaux.
Dans cette seconde période, nous avons abordé l'étude
des différents ordres de phénomènes qui la composent :
(i) transport électif ou par triage, et transport en masse
pouvant s'accroître en intensité jusqu'à produire le courant
de matière et amenant, par le fait même de cet accroissement, des dépôts quand la charge du courant est devenue
supérieure à sa puissance d'entraînement ; (ii) lois des
variations de la vitesse auxquelles sont subordonnés tous
les phénomènes d'affouillement, de dépôt, de transport,

(1) Ibid., p. 61-62.

suivant que ces variations consistent en accélération ou en ralentissement croissants, stationnaires ou décroissants ; lois qui, avec des effets dynamiques, produisent aussi des effets physiques, en modifiant l'action de la pesanteur et le profil en long du lit ; (III) lois du dépôt des matériaux, parallèles à celles du transport ou entraînement dont elles sont la conséquence, mais qui subissent, comme la vitesse elle-même, l'influence des variations de largeur du lit ; de là naissent des points remarquables dans le profil en long, suivant que, en amont d'un goulot ou rétrécissement, le courant passe du ralentissement à l'accélération, après avoir, en aval de l'élargissement précédent, passé par un maximum de ralentissement ; (IV) enfin, lois de la viscosité et de la densité, concernant les torrents *de lave*, c'est-à-dire, les courants dans lesquels les gros matériaux, graviers, galets et blocs, sont plus ou moins liés entre eux, quelquefois empâtés par l'argile ou le limon, délayés dans l'eau et faisant corps avec elle ; ce que le courant perd en vitesse, en ce cas, il le gagne et au delà par une puissance d'entraînement irrésistible, qui tantôt emporte des quartiers de rocher énormes, tantôt chasse en avant ou le long du bord du lit des galets et cailloux parfois volumineux.

VIII.

CLASSEMENT ET DESCRIPTION DES TORRENTS ET DE LEURS DIVERSES PARTIES.

Les phénomènes d'affouillement, de charriage ou de transport des matériaux arrachés au fond du lit ou aux berges, et d'exhaussement ou de dépôt de ces mêmes matériaux, ces phénomènes ne se produisent pas, d'ordinaire, indifféremment et avec même intensité sur tout le parcours du torrent. On peut déterminer des parties distinctes de celui-ci suivant que dominent successivement l'un ou l'autre de ces divers ordres de phénomènes. Plusieurs systèmes de détermination ont été proposés, qu'il nous semble utile de faire connaître pour justifier le choix de celui auquel nous nous arrêterons.

M. Surell distingue trois parties dans un torrent :

1° Le *Bassin de réception* est la région montagneuse dans laquelle les eaux s'amassent et s'accumulent en *affouillant* le terrain. La forme en est généralement, dans les Alpes, celle d'un vaste entonnoir, diversement accidenté « et aboutissant à un *goulot* placé dans le fond. » Toutefois cette forme, étant le résultat du travail des eaux, est essentiellement déterminée par le plus ou moins de résistance que, suivant sa nature, le sol oppose à l'affouillement.

2° Le *Canal d'écoulement*, en aval du bassin de réception et à la suite du goulot qui le termine, est une partie du torrent où il n'y a déjà plus d'affouillement, mais où ne se manifeste encore aucun dépôt, atterrissement ou exhaussement ; un tel état de choses correspondant à une vitesse constante du courant. La légitimité de cette seconde subdivision est contestée par MM. Costa de Bastélica et Demontzey, comme généralisant trop une circonstance accidentelle qui manque souvent et n'a rien d'essentiel en soi. M. Surell reconnaît lui-même, au surplus, que de ces trois régions du torrent, celle-ci est la moins caractérisée, ordinairement la moins étendue, et qu'elle peut même se réduire à un seul point, sujet encore à se déplacer.

3° Le *Lit de déjection* est la région où se fait le colmatage ou l'exhaussement, c'est-à-dire le dépôt des matériaux provenant de l'affouillement ; il présente généralement l'apparence d'un monticule plus ou moins conique très aplati, placé à la sortie du goulot ou de la gorge et accolé au pied du versant, à la manière d'une sorte de contrefort : aussi l'appellation de « *cône* de déjection » est-elle non moins fréquemment employée que la précédente.

M. Scipion Gras admet, avec quelque variante dans les

dénominations, cette subdivision, en lui ajoutant même un terme. Il appelle « canal de *réception* » le « canal d'écoulement » de M. Surell, et distingue du lit ou cône de déjection proprement dit le « lit d'écoulement », autrement « la région comprise entre l'extrémité inférieure du lit de déjection et la rivière où vont se perdre les eaux torrentielles », ou encore « le lit du torrent après le dépôt d'une partie des matières charriées. » Cette quatrième subdivision a prévalu moins encore que le *canal* d'écoulement ou de réception auquel M. Costa de Bastélica et, après lui, M. Demontzey, ont substitué la *gorge*, qui est commune à tous les torrents et n'est autre que le goulot qui termine l'entonnoir du bassin de réception ou son prolongement. A cette gorge, en tant que goulot principal de l'entonnoir, viennent aboutir des goulots latéraux se subdivisant comme les branches et rameaux d'un arbre sur le tronc qui leur est commun, recevant eux-mêmes les gorges plus petites de ravins et de ravines qui remontent par ramifications successives jusqu'aux crêtes, accusant les plus légères ondulations des versants du bassin.

Disons un mot d'une sorte de classification appliquée par M. Scipion Gras aux principales formes du bassin de réception. Il les rapporte toutes à quatre types principaux. Dans le 1er *type*, il range les bassins consistant principalement en un rocher escarpé dont la surface a été irrégulièrement modelée par les agents atmosphériques et dont la hauteur peut s'élever à plusieurs centaines de mètres, avec une inclinaison pouvant atteindre de 60 à 70 degrés.

Creusés sur le flanc de la montagne dans un sol de désagrégation facile, les bassins du 2e *type* répondent davantage à la définition de M. Surell, offrant ordinairement la forme d'un cirque qui se termine « à quelque assise de rocher plus dure que les autres, à travers laquelle les eaux se sont frayé un étroit passage. » — La combinaison des deux premiers constitue le 3e *type* : une profonde excavation en forme de cône renversé est creusée par les eaux dans un sol friable, au pied d'un escarpement de rochers nus fournissant un grand nombre de débris entraînés par les eaux et par leur propre poids au sein de cet entonnoir. — Enfin les bassins de réception qui, partant d'un col ou du pied d'un rocher à pic et se prolongeant sur un parcours plus ou moins allongé dans une haute vallée, reçoivent de droite et de gauche les eaux et les déjections de plusieurs torrents secondaires, se rattachent au 4° *type*.

Sur cette sorte de nomenclature des bassins de réception, M. Scipion Gras fonde une classification des torrents qui n'a point prévalu davantage, mais qu'il n'est pas sans intérêt de mentionner. Il les partage en *petits torrents*, en *torrents moyens* ou *alpins*, enfin en *grands torrents*.

Les premiers semblent se rattacher aux bassins du premier type : ils sont définis comme ayant pour bassin de réception « le revers abrupt d'un rocher nu », dont la projection en plan horizontal ne s'étend que sur une faible surface. Leur canal «de réception» selon M. Scipion Gras, « d'écoulement » selon M. Surell, leur *gorge* à mieux dire, est un ravin dont la pente rapide peut atteindre de 0^m40 à près de 0^m50 par mètre (20 à 25 degrés), et dont les déjections, s'arrêtant souvent sur le flanc des coteaux, y forment des coulées étroites et allongées. A sec en temps ordinaire, ils ne contiennent de l'eau que lorsqu'il pleut beaucoup, et il faut une subite et violente averse d'orage pour les faire déborder. Ces *petits torrents* sont nombreux dans les Alpes, et « si leurs ravages ne s'étendent pas au loin, ils sont très nuisibles par leur multiplicité (1). »

Les bassins des deuxième et troisième types donnent la deuxième classe de torrents de M. Scipion Gras, les *torrents alpins* proprement dits ou *torrents moyens*. Leur gorge étroite et plus ou moins allongée suit généralement une pente de 0^m10 à 0^m12 par mètre (environ 5 à 6 degrés). Dans l'intervalle des crues, le lit ne laisse couler

(1) Scipion Gras, l. c., p. 13.

qu'un mince filet d'eau, qui se gonfle dans d'énormes proportions après la brusque fonte des neiges ou une épaisse pluie d'orage. Ce sont ces torrents moyens « qui frappent le plus les voyageurs par l'étendue de leurs dévastations (1). »

Les torrents de la 3ᵉ classe, les *grands torrents*, sont ceux dont le bassin de réception correspond au quatrième type et s'étend sur une vaste surface pouvant embrasser plusieurs milliers d'hectares. Ils ont un véritable canal d'écoulement, — de *réception*, selon M. Scipion Gras, — d'une longueur considérable dont la pente ne dépasse pas 0ᵐ03 à 0ᵐ04 pour mètre, et sont encaissés dans toute l'étendue de leur cours, « ce qui ne les empêche pas d'avoir un lit de déjection et quelquefois plusieurs. » Cette troisième classe de torrents n'est pas sans présenter quelque analogie avec les *rivières torrentielles* de M. Surell ; aussi M. Scipion Gras leur en confère-t-il la qualification lorsque leur bassin de réception atteint ou dépasse une superficie de dix mille hectares.

Cette nomenclature, établie plutôt sur les dimensions des torrents que sur des différences génériques, paraît un peu compliquée. A tout prendre, nous lui préférerions celle de M. Surell, dont les trois genres de torrents comprennent :

Premier genre : les torrents qui partent d'un col et coulent dans une véritable vallée, tels que celui de Riou Bourdoux dans le périmètre de Saint-Pons, vallée de Barcelonnette (Basses-Alpes) (2).

Deuxième genre : les torrents descendant directement d'un faîte suivant la ligne de plus grande pente. Dans le même périmètre citons, comme exemple de ce genre, les torrents de La Bérarde et de Saint-Pons, et dans les

---

(1) Ibid., p. 14.

(2) Voir l'Atlas joint à la 1ʳᵉ édition de l'ouvrage de M. Demontzey, pl. II fig. 2. — M. Surell cite également les torrents de Réalon, Vachères, Boscodon, Rabioux dans les Hautes-Alpes, Aigues dans la Drôme, Bachelard dans les Basses-Alpes.

Hautes-Alpes le Merdanel (commune de Saint-Crépin), les Moulettes (commune de Chorges), Sainte-Marthe près d'Embrun, Bramafam, Saint-Pancrace, Devizet…, etc.

Troisième genre : les torrents ayant leur source au-dessous du faîte, sur les flancs mêmes de la montagne. Tels sont le torrent des Graves (commune des Crottes), celui de Combe-Barre, ceux de Merdanel, de Chadenas, de Saint-Sauveur, de La Rochette près Gap, et, dans le périmètre de Saint-Pons, La Valette, Bouzoune et Saint-Bernard.

Dans le premier genre de M. Surell, nous retrouvons en partie les « grands torrents » de M. Scipion Gras. Le bassin de réception y peut embrasser plusieurs croupes de montagnes, et sa conformation caractéristique permet de le reconnaître jusque sur les cartes ordinaires ; le goulot se prolonge à l'aval en une gorge étroite, profondément encaissée dans des berges excessivement abruptes, minées sur le pied, aux flancs déchirés par de nombreux ravins ; cette gorge se développe, dans ces conditions, sur une longueur qui peut dépasser deux lieues, et ses berges, élevées parfois à cent mètres et plus au-dessus du lit, sont coupées de droite et de gauche par des torrents secondaires qui se ramifient, en remontant en amont, pour se perdre finalement dans les replis de la montagne. L'entonnoir par lequel le bassin de réception se joint au goulot étroit qui le termine est figuré tantôt par des rochers décharnés formant amphithéâtre devant l'embouchure de ce goulot, tantôt par un col que sillonnent un grand nombre de ravins convergeant vers l'aval.

Les torrents du second genre, descendant par la ligne de plus grande pente dans les ondulations des versants au-dessous des hautes cimes, ne comprennent guère qu'une gorge à laquelle aboutissent, en plus ou moins grand nombre, des ravins secondaires. Ils ne sont pas sans analogie avec les « torrents moyens » de M. Scipion Gras : c'est parmi eux que l'on observe le mieux la forme en entonnoir du bassin de réception.

Le troisième genre se rapproche manifestement des « petits torrents » de la classification précédente. Il comprend les torrents dont le bassin de réception se réduit à une simple dépression de peu d'étendue qui s'est creusée au-dessous du faîte dans un flanc de la montagne. Cette dépression ne reçoit pas ou reçoit peu d'affluents et ne s'alimente guère que des eaux qui tombent dans son enceinte même. Mais elle tend à s'étendre et atteint parfois les crêtes, passant alors au second genre.

Ces deux classifications, ingénieuses dans la théorie, ont rencontré dans la pratique de sérieuses difficultés, et ne suffisent pas toujours à déterminer le caractère et l'importance des torrents. M. le conservateur des forêts Costa de Bastélica qui, aux vues spéculatives des deux savants ingénieurs, a été appelé à ajouter l'application des principes excellemment exposés par eux, a adopté une classification plus conforme à l'observation pratique des faits et qui paraît destinée à prévaloir définitivement. Il range les torrents en deux classes ou genres seulement :

1° *Les torrents simples.*

2° *Les torrents composés.*

Les *torrents simples* correspondent, dans un grand nombre de cas, au deuxième genre de M. Surell, et ne sont pas non plus sans analogie avec quelques-uns des « torrents moyens » de M. Scipion Gras. Ce sont « ceux qui ne comprennent qu'une gorge à laquelle aboutissent des ravins en plus ou moins grand nombre (1). »

Les *torrents composés* sont pourvus de deux ou plusieurs gorges dont l'une est la principale : la gorge ou les gorges secondaires pouvant être considérées chacune comme un torrent simple, le torrent composé est donc celui qui résulte de la réunion dans une même gorge de plusieurs torrents simples. La gorge principale ou *grande gorge* présente souvent à sa partie supérieure une bifurcation en

(1) Costa de Bastélica, l. c., p. 74.

deux bras d'importance sensiblement égale ; l'espèce d'îlot compris entre ces deux branches est généralement resserré entre des berges ou falaises très élevées (1). Les torrents de la 3ᵉ classe de M. Scipion Gras avec bassin de réception du 4ᵉ type, sont évidemment des *torrents composés* ; il en est de même de la plupart des torrents du premier genre de M. Surell. Un cas particulier est celui où des torrents simples, au nombre de deux ou plus, se réunissent non dans une même gorge, mais seulement au fond de la vallée, sur un commun lit de déjection. On a alors moins, à proprement parler, un torrent composé qu'un *torrent complexe*, comme M. de Bastélica propose de l'appeler.

Il importe aussi de distinguer de la *gorge*, élément essentiel du torrent proprement dit, le *ravin*, sorte de petit torrent élémentaire, comme nous l'avons vu plus haut. En bien des cas la distinction sera embarrassante ; mais généralement la gorge a une grande longueur et n'est jamais entièrement privée d'eau, tandis que les ravins n'ont qu'un faible développement et sont d'ordinaire à sec quand il ne pleut pas.

Cette distinction entre ravins et gorges, utile à la définition ci-dessus des torrents simples, nous servira aussi à spécifier une troisième classe, un troisième genre de torrents admis par M. Demontzey et qui se rapproche à beaucoup d'égards du troisième genre de M. Surell : c'est la *combe*, « une large échancrure entamant la base ou le flanc d'un versant, profondément rongée *par une multitude de petits ravins* qui se réunissent presqu'au même point, sont toujours à sec et ne reçoivent en temps de pluie que l'eau qui tombe sur leur champ d'érosion. Dans la *combe*, la gorge n'existe qu'à l'état rudimentaire (2). »

En résumé :

(1) Ibid., l. c., pp. 73 et 74.
(2) Demontzey, l. c. l, ɪ, 18.

Torrents simples, dont les ravins du bassin de réception se réunissent en une seule *gorge* aboutissant, dans la vallée, au lit ou cône de déjection ;

Torrents composés résultant, soit de l'affluence de plusieurs torrents simples dans une *grande gorge* qui conduit toutes leurs eaux et matières réunies au cône de déjection terminal, soit, plus rarement, de la réunion de deux ou plusieurs torrents simples, seulement sur un commun cône de déjection (torrents complexes) ;

Enfin *Combes*, sorte de petits torrents, sans eau en temps ordinaire, et résultant des ravinements formés dans un effondrement d'un versant ou d'une portion de versant.

Tels sont les trois genres de torrents qui paraissent correspondre le mieux, d'après d'innombrables observations, à la réalité pratique des faits. Classification imparfaite cependant, et qui est loin de correspondre toujours au degré de nocuité des torrents : il est des cas où une simple *combe* peut recéler des dangers plus graves que les torrents des deux autres genres ; et parmi ces derniers, le *torrent composé* ne provoque pas toujours des désastres supérieurs à ceux du *torrent simple*. Ces trois qualifications doivent donc présenter à l'esprit l'idée des principales conformations des torrents, beaucoup plus que celle de l'importance de leurs ravages. Nous donnerons plus loin, d'après M. Demontzey, une autre classification encore qui, tout en laissant subsister la précédente, a pour objet plus spécial d'indiquer leur mode de formation et les causes diverses de leurs ravages.

Auparavant, il importe d'entrer dans quelques développements sur l'une des trois parties du torrent que nous n'avons guère fait que mentionner jusqu'ici, sur le *lit de déjection* qui correspond à la période de dépôt, atterrissement ou exhaussement, comme la gorge correspond à celle de transport ou d'entraînement, le bassin de réception à celle d'affouillement. Ce qui ne veut pas dire d'ailleurs que le torrent n'affouille exclusivement *que* dans le bassin de réception, ne charrie *que* dans le goulot et la gorge, ne dépose *que* sur le lit de déjection ; mais c'est dans chacune de ces trois sections du torrent que ces trois modes d'action s'exercent respectivement de la manière la plus apparente.

De même qu'il est des torrents dont le bassin de réception se réduit à une gorge recevant de simples ravins comme affluents (torrents simples de MM. Costa et Demontzey), il peut aussi se rencontrer des torrents sans lit, ou, plus exactement, sans cône de déjection. Quand le courant torrentiel se dirige vers une rivière suivant des pentes sans variations brusques et suffisamment rapides, il peut se faire que ses eaux acquièrent assez de vitesse pour entraîner directement les matériaux de transport jusque dans le lit même de la rivière; pour peu que le cours de celle-ci ait une force suffisante à entraîner elle-même ces matériaux au fur et à mesure de leur arrivée, ils ne pourront s'entasser, et le lit de déjection du torrent se confondra avec le lit de la rivière ; ce ne sera plus à proprement parler un *lit de déjection*. Ce phénomène peut se produire aux abords d'un cours d'eau profondément encaissé contre une berge qui ne serait autre que le versant de la montagne elle-même ; la courbe du lit du torrent, en pareil cas, n'a pas eu besoin, pour arriver à sa forme normale, qu'une partie du fond de son parcours subît un exhaussement. Un courant dans ces conditions ne cesse pas de répondre aux caractéristiques essentielles des torrents : il *affouille* dans son bassin de réception, il *charrie* et entraîne les matériaux le long d'une gorge allongée qui est ici un véritable canal d'écoulement, enfin il *dépose* dans le lit de la rivière ; et si ses dépôts ne se maintiennent point mais sont entraînés au loin, si par suite le courant ne *divague* point sur eux, cela tient à une cause en quelque sorte accidentelle, en tout cas étrangère au torrent lui-même.

Mais ce cas n'est pas le plus fréquent. Ordinairement la gorge ou le canal d'écoulement débouche soit sur une valée suffisamment large, soit sur un pli de terrain détermi-

nant un adoucissement de pente brusque et important.
Quand il dégorge sur une plaine où les déjections peuvent
s'étaler en toute liberté, celles-ci se disposent suivant la
forme normale à laquelle on a donné le nom de *cône* de
déjection, et qui, une fois parvenue à sa période définitive
et de stabilité, mériterait mieux, selon M. Philippe Breton,
la qualification de *pyramide* (1). D'une manière générale,
cette forme normale est celle d'un monticule conique, très
aplati, dont le sommet est placé à l'issue de la gorge, et
qui est adossé à la montagne comme un contrefort. Pour
représenter à l'esprit une telle figure, M. Surell la compare à celle que ferait un éventail déployé, dont le point
d'attache serait à la sortie du canal d'écoulement, et dont
le faisceau aurait été relevé vers le milieu, en forme de dos
d'âne (2). Plus exacte encore paraît être la description de

(1) Cf. *Étude d'un système général de défense contre les torrents... présen-
tée par* M. Philippe Breton, ingénieur en chef des ponts et chaussées, in-4°
de VIII-233 pp. et 10 pl. 1875, chap. VI. — Paris, impr. nat.— C'est seulement
au commencement de sa formation qu'un lit de déjection, fait remarquer le
savant ingénieur, est réellement *conique*, parce qu'alors il n'y a pas d'arête
saillante, pas de lit fixe pour les eaux du torrent qui divaguent sur toute
l'étendue de ce lit conique : c'est la première phase. — « Plus tard le massif de déjection présente une forme mixte, composée des deux flancs croissants d'une pyramide en cours de construction, réunis en avant par un sec-
teur de cône qui se déplace en décroissant. Le lit de déjection est alors en
deuxième phase, et sa forme est *conico-pyramidale.* » — Parvenu à ce que
M. Philippe Breton appelle la troisième phase, autrement dit à sa forme
définitive, le lit de déjection est devenu une véritable pyramide à base triangulaire aiguë sur la plaine, et « dont deux faces inclinées rencontreront
le flanc de la montagne suivant deux arêtes rentrantes et se rencontreraient
entre elles suivant une arête saillante. » Si l'on suppose, en plus, cette
dernière arête rabattue en chanfrein et creusée dans sa longueur d'une
rigole entre deux bourrelets dans laquelle coulera l'eau, on aura le lit de
déjection en forme de véritable pyramide accolée au flanc de la montagne.
Cette troisième phase n'est visiblement applicable qu'aux torrents dont
le cours est devenu fixe et stable, c'est-à-dire aux torrents éteints. Tant qu'un
torrent est sujet aux perturbations, qu'il n'est pas entièrement sorti de la
période d'instabilité et n'a pas pu encore établir la courbe normale de son
lit, le lit de déjection est dans l'une des deux premières phases et peut conti-
uer à être appelé sans antinomie : cône *de déjection.*
(2) Alex. Surell, l. c., I, I, chap. IV.

M. Costa de Bastélica qui compare la périphérie du cône de déjection à *une surface engendrée par un arc bandé glissant sur l'arête centrale comme directrice et se débandant progressivement* (t).

Pour se bien rendre compte de la manière dont se forme le cône de déjection, par application des lois de la torrentialité, il ne sera pas inutile de donner un aperçu de la nature du terrain, dans celles des montagnes de France où ces lois s'exercent avec le plus d'intensité, nous voulons dire dans la chaîne des Alpes. Les sols éminemment affouillables, et jouant dans la formation et les ravages des torrents un rôle considérable, s'y distribuent en deux classes principales : 1° les marnes noires du lias ; 2° les terrains de transport, dus selon M. Cézanne aux forces glaciaires, mais dans lesquels M. Costa paraîtrait plus porté à voir l'effet d'affouillements et entraînements dus à l'action torrentielle aux temps préhistoriques (?).

Les *marnes noires* sont des argiles schisteuses passant par tous les degrés de consistance, depuis celle de boue noire et durcie sans trace de schiste jusqu'aux schistes ardoisés les plus durs. Dans le premier cas, la moindre pluie suffit pour ramollir jusqu'à l'état de pâte semi-liquide cette argile dure que le pic, en temps de sécheresse, n'entame qu'avec peine. Quand la consistance est déjà quelque peu schisteuse, le délayement se produit avec un peu moins de facilité et nécessite des pluies plus abondantes ; dans les schistes tout à fait durs, il faut une puissance d'affouillement très accentuée pour en amener la désagrégation. Ces *terres noires*, calcaires marneux et schistes plus ou moins argileux, le plus souvent peu consistants, forment des couches dont la puissance peut aller jusqu'à deux ou trois cents mètres, et qui alternent parfois avec des bancs de calcaires durs (2).

(1) Costa de Bastélica, l. c., pp 99-100

(2) Cf. Garnier, inspecteur des foréts à Valence, membre de la Société géologique de France, *Notice sur les efflorescences des terres noires des Hautes et Basses-Alpes et de la Drôme*, 1878. Paris, imprim. nat.

Les *terrains de transport* consistent en de puissantes agglomérations de débris de roches de toute nature et de cailloux roulés de toutes dimensions, le plus souvent reliés entre eux par un ciment argileux. La proportion de ce dernier est des plus variables : tantôt il ne fait que remplir les interstices dans de vastes amas de cailloux s'entre-joignant les uns les autres, tantôt il domine au contraire jusqu'à former un tuf très dur (1). Ces terrains sont souvent, par suite du ravinement, profondément déchiquetés ; ils forment alors, entre des arêtes très aiguës, des sortes d'aiguilles ou pyramides à contours irréguliers ordinairement surmontées d'une large pierre plate, et désignées dans le pays sous le nom de *Cloches* ou de *Demoiselles* (2).

On rencontre fréquemment aussi, surtout au voisinage des crêtes, des escarpements de rocher en voie de décomposition sous l'influence des agents atmosphériques : entraînés par leur propre poids, les débris qui s'en détachent s'amoncellent au pied de ces sortes de falaises, et offrent une proie facile à l'action torrentielle quand elle se déclare.

On voit que la plus extrême variabilité se rencontre dans la nature physique des terrains des bassins de réception au sein desquels naissent les torrents. Quand les ravins et les gorges sont creusés parmi les sols les moins résistants tels que marnes, argiles, schistes friables, pour peu que les crues soient subites et amenées par des masses d'eau considérables, celles-ci acquièrent une vitesse de plus en plus grande en passant de ravin en ravin jusqu'à la gorge principale, et affouillent partout avec une énergie extrême ; elles minent le pied des berges qui ne tardent pas à s'ébouler, et ravins et gorges vont s'approfondissant et s'élargissant sans cesse. Tel ravin de dix mètres de profon-

(1) Cf. Costa de Bastélica, l. c., pp. 77 et 78.

(2) *Reboisement et gazonnement des montagnes. Monographies de travaux exécutés dans les Alpes, les Cévennes et les Pyrénées,* 1861-1878. — Paris, impr. nat.

deur et large à proportion n'existait pas il y a trente ans,
et telle gorge a déjà atteint plus de cent mètres de profondeur verticale qui n'était jadis qu'une simple dépression du versant. Lorsque, durant les crues, le courant
affouille vigoureusement le thalweg, « c'est par milliers de
mètres cubes que les gorges s'effondrent. » Les approfon-
dissements qui résultent de chutes pareilles déterminent,
dans les versants latéraux, des glissements qui peuvent se
faire sentir à une grande distance. D'autre part, il peut
arriver aussi que le courant se trouve barré par un amoncellement subit de matériaux dont la force de résistance est
supérieure à la masse et à la vitesse actuelles du courant ;
en amont de ce barrage fortuit et sans consistance suffisante, une sorte de lac se forme dont les eaux montent
sans cesse, et quand leur niveau est parvenu à le surmon-
ter, elles se précipitent furieuses, entraînant avec elles et
s'assimilant la masse entière de ces débris terreux avec
tous les galets, blocs, quartiers de rocher qu'ils renfermen .
Le tout est entraîné en masse comme une avalanche qui se
brise à l'issue de la gorge et disperse sur le lit de déjection
cette énorme quantité de matériaux. Tel est ce qu'on
appelle une *débâcle*, et c'est par des effets répétés de ce
genre que s'explique la descente de blocs cubant jusqu'à
cent mètres (1).

Le lit de déjection reçoit de ces débâcles de puissants
accroissements de volume. Mais que ce volume se déve-
oppe rapidement sous une influence semblable ou plus
lentement par des actions moins énergiques, il n'en subit
pas moins des lois positives beaucoup plus aisées à saisir
que celles du travail en apparence si désordonné et capri-
cieux qui se passe dans le bassin et les gorges. Cherchons
toutefois à nous représenter ces deux phases fondamen-
tales du phénomène torrentiel par une action de ce genre
très simple et tout à fait élémentaire. Il arrive souvent,

(1) Costa, l. c., p. 80, 81.

soit au printemps à la suite d'une brusque fonte de neige,
soit en été après une épaisse pluie d'orage, surtout si la
grêle la précède ou l'accompagne, qu'un versant rapide,
hier encore uni et sans ondulation apparente, est traversé

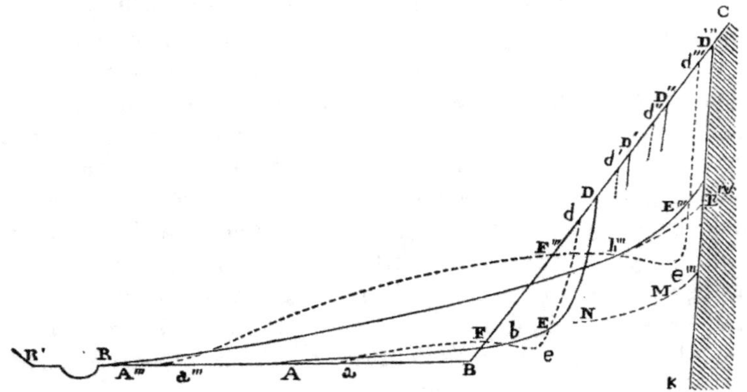

par un ravin qui le parcourt en ligne droite suivant la plus
grande pente : peu accusé au sommet où il finit, ou plutôt
commence, à zéro, ce ravin présente dans la partie inférieure, dit M. Demontzey, l'aspect d'un grand sillon qui
aurait été ouvert par une charrue colossale à double ver-
soir : on voit, à droite et à gauche un bourrelet composé de
matériaux divers et s'élevant en relief au-dessus du terrain
naturel. A la base du sillon, là où la pente cesse ou s'atténue brusquement, « un amas de matériaux provenant de
l'amont est étalé en un lit de déjection présentant une
forme d'éventail symétrique par rapport à l'axe. »

Qui ne reconnaîtrait, à cette succincte description, le
torrent en petit, à son début, au moins en tant qu'effets
d'affouillement, de transport et de dépôt ; et si l'on veut
bien se rappeler ce qui a été dit au précédent chapitre sur
les lois qui président à ces phénomènes, on en constatera
aisément ici une application.

Pour rendre cette concordance plus sensible, représen-
tons-nous un versant adossé à une roche dure à pic et des-

cendant vers le fond d'un vallon qui serait horizontal au moins quant à son profil en travers considéré comme le prolongement du profil en long de notre versant. La figure représente en R'A'''BCK la coupe verticale de cet emplacement : en RR' est le fond du vallon creusé par le lit d'un cours d'eau ; en B, pied du versant, la pente se trouve brusquement interrompue; BC est le versant, appuyé suivant CD''' sur la roche dure, suivant D'''B sur un sol affouillable. Supposons que, une forte pluie d'orage ayant creusé le sillon dont nous parlions tout à l'heure et formé ses dépôts, nous en ayons levé le profil en long. Ce nivellement nous a d'abord donné, suivant la ligne pointillée *de* une courbe concave vers le ciel, creusée en contre-bas de la pente générale du versant et représentant la partie affouillée : à partir du point *e* qui se trouve à peu près au niveau du profil en travers du vallon, la courbe se relève brusquement, devient convexe, atteint son maximum de hauteur en F, puis s'abaisse graduellement et vient finir en *a* : elle nous donne le profil en long du lit de déjection. Ici le transport a eu lieu en masse, sans aucune élection, aucun triage des matériaux, mais à l'état de courant de matière, à l'état de *lave* : le ralentissement de la vitesse, dû à la suppression brusque de la pente, a déterminé l'action soulevante et, par suite, le bombement de la surface (*supra*, VII, § 2, ii). Supposons maintenant que le ravin ainsi creusé subisse, pendant un certain temps, l'action seule des eaux ordinaires s'exerçant doucement et sans violence. Les choses se passeront alors comme il a été indiqué au chapitre précédent (§ 2, i) : le transport des matériaux se fera par élection ou triage ; leur dépôt, suivant la même loi, aura lieu dès que la résistance de chacun d'eux deviendra égale ou supérieure à la vitesse limite d'entraînement en ce qui le concerne, et suivant cet ordre : blocs, galets, graviers, sables, boues et limons; et ainsi se formera la courbe concave vers le ciel dont nous avons parlé *supra*, VII, § 2, iii). Cette courbe est indiquée, à la figure, parla ligne pleine D E A, ou plutôt par deux courbes raccordées tangentiellement, l'une D E représentant le profil des affouillements, l'autre E A représentant le profil des dépôts. La ligne qui détermine ce profil est toujours l'arête culminante du cône, et c'est sur elle que les eaux se tiennent presque toujours, s'y creusant une petite rigole qui dédouble ainsi cette arête. De là, dit M. Surell, cette singulière disposition que le profil en travers du lit forme une courbe convexe dont les eaux occupent les points les plus élevés (I, 1, chap. VI).

Lorsque, après une période de calme plus ou moins longue, surviendra une nouvelle crue violente, l'affouillement remontera un peu en amont du point D et le même phénomène que la première fois se reproduira, mais avec une intensité plus marquée ; le sillon précédemment creusé sera non seulement allongé du haut mais approfondi et élargi, et le dépôt, plus abondant, exhaussera et allongera le lit de déjection en rétablissant la convexité de son arête supérieure. Par l'effet d'une nouvelle période de calme, l'affouillement du ravin se faisant plus lentement, le triage des matériaux aura lieu comme la première fois ; et le courant déposera d'abord comme précédemment pour combler le vide correspondant à $E\ e\ h$ (soit $E'e'h'$), puis affouillera de nouveau sur le cône de déjection (à partir de h'), pour s'y creuser, sur l'arête culminante, un canal conforme au profil normal du lit et rétablir la concavité. — Nouvelle crue subite et forte, nouvel accroissement du ravin, nouvel exhaussement en convexité du cône de déjection, suivi, pendant la période de calme, du triage des matériaux, jusqu'à ce que, le ravin ayant atteint la roche dure à pic sur laquelle est adossé le versant affouillable, le profil en long du fond du ravin soit devenu $D'''\ E'''\ A'''$, après avoir passé, pendant la dernière crue, par la courbe successivement concave et convexe $d''e'''h''a'''$.

Ainsi, dit M. Demontzey, « tandis que la courbe qui représente les affouillements demeure constamment concave, la courbe des dépôts passe alternativement de l'état convexe à l'état concave ; mais elle n'est convexe qu'au lendemain de grands événements météorologiques, tandis que dans les conditions de calme, elle passe et demeure à la forme concave. »

Le lit de déjection ne pouvant, toutefois, s'exhausser indéfiniment, il arrivera un moment où sa pente sera telle qu'en un point quelconque du profil, autant de matériaux descendront vers l'aval qu'il en arrivera de l'amont. M. Surell donne à cette pente le nom de *pente limite* (1) et M. Philippe Breton l'appelle *profil de compensation* (2). Pour que la pente limite se maintienne, il faut qu'en un temps donné le torrent ne cesse de charrier en quantités égales des matériaux identiques ; autrement la pente serait bientôt modifiée et cesserait par conséquent d'être limite, du moins relativement aux matériaux différents et ayant précédé ou suivi en quantité plus ou moins grande. Et si le torrent, à un certain moment, ne débitait plus que de l'eau claire, le lit de déjection subirait à son tour une série d'affouillements et abaisserait par là son niveau jusqu'à ce que la résistance des moindres matériaux fût devenue égale à la vitesse d'entraînement, et qu'ainsi tout transport cessât. On arriverait alors à une pente que M. Philippe Breton et, après lui, M. Demontzey ont appelée *profil d'équilibre* (3).

Dans notre exemple, si la courbe $A'''E'''$ est censée représenter la pente limite ou le profil de compensation, la propagation de l'affouillement vers l'amont étant arrêtée par la roche dure $CD'''K$, cette pente, à partir de E''', se redressera de plus en plus vers l'amont jusqu'à se confondre avec le rocher à pic, et la pente limite tombera en E^{IV} ; autrement dit le profil de compensation deviendra $A'''E^{IV}$. A partir de ce moment, le roc vif étant supposé inatta-

---

(1) Surell, I, I, chap. v, *in fine*.
(2) Philippe Breton. *Mémoire sur les barrages de retenue...* chap.III, p.22.
(3) Ibid.

quable, les matériaux de transport auront diminué ; les eaux, plus claires, seront plus affouillantes ; le profil de compensation tendra à s'abaisser graduellement jusqu'à ce qu'il atteigne, en MN par exemple, le profil d'équilibre convenant à la nature des matériaux du lit, soit le profil définitif de tout ravin ou torrent qui, par lui-même, ne donnerait plus que de l'eau claire : ce sera une courbe se rapprochant toujours de l'horizontale vers l'aval, et vers l'amont se redressant de plus en plus.

Cet examen du travail et des développements successifs d'un ravin ou torrent élémentaire théorique ne serait pas complet, si nous n'examinions aussi ces mêmes transformations dans le sens transversal, c'est-à-dire suivant les profils en travers. A l'origine, un peu au-dessous du point d, la coupe transversale du ravin est représentée par un petit triangle à base ouverte vers le ciel ; plus bas, aux approches de la plaine, la même section, plus profonde, présente en outre, sur chaque bord, un talus composé de matériaux de toutes dimensions. Quant au profil du dépôt aFe, entre F et a, il présente une courbe très convexe au sommet avec une dépression assez sensible creusée entre deux bourrelets, par le passage du courant principal, et, de chaque côté aux approches de la base, une certaine concavité. Lorsque le courant de matières est sorti du sillon, en B, « il s'est aplati et épanoui en un vaste éventail », d'une part n'étant plus resserré entre deux berges, de l'autre trouvant un brusque et important adoucissement de pente ; car telles sont les causes qui déterminent l'action déposante ou atterrissante dans le lit d'un torrent : 1° élargissement de section, 2° diminution de pente ; causes distinctes et indépendantes l'une de l'autre, bien que pouvant agir simultanément. Tant que le lit de déjection n'est pas arrivé à la pente limite, ce qui est ici le cas, le dépôt a lieu sous l'influence de cette double cause. En même temps un courant principal, suivi par les plus gros matériaux, s'est maintenu, en vertu de la

1º Les torrents qui ne charrient et ne déposent que les matériaux qu'ils ont eux-mêmes arrachés aux flancs des montagnes, et que M. Demontzey appelle *torrents à affouillements*.

2º Les torrents qui, en plus des produits de l'affouillement, reçoivent dans leur lit et entraînent dans leur courant les débris précipités des hauteurs par leur propre poids ; ce sont les torrents *à clappes* ou *à casses*, ainsi nommés de l'appellation par laquelle les habitants des Alpes désignent les espaces plus ou moins vastes recouverts par ces débris.

3º Enfin les *torrents glaciaires*, qui prennent naissance à la terminaison des glaciers.

Dans la réalité théorique, il serait à peine exact de dire qu'un torrent glaciaire commence là où expire le glacier. C'est au contraire en plein.glacier que le courant prend naissance, là où commence le mouvement descendant des glaces et des névés ; à la rapidité près, comme on le disait au commencement du présent article, le cours d'eau solide se comporte comme le cours d'eau fluide ; comme ce dernier, il affouille, il charrie, et il dépose sur ses bords en aval de ses gorges. Le torrent d'eau, qui commence là où la glace se liquéfie, ne fait, en entraînant les blocs, les galets et les sables, boues et graviers de la moraine frontale, que continuer l'œuvre du glacier. Dans l'étude géologique des phénomènes quaternaires, il n'est pas toujours facile, surtout en dehors de l'observation paléontologique, de distinguer exactement les formations provenant du phénomène glaciaire de celles qui résultent de la torrentialité proprement dite, en ces âges reculés.

De même, en descendant le profil d'un courant, il sera parfois malaisé de reconnaître où finit le *torrent*, où commence la *rivière torrentielle*, et où cette dernière passe à l'état de simple *rivière*. A vrai dire, glacier, torrent, rivière, fleuve, ne sont que des cas particuliers du grand et unique phénomène torrentiel. Petit ou grand, tout cours d'eau *affouille, charrie et dépose* ou atterrit ; simple ravin dans le pli ignoré d'une montagne, ou grand fleuve déversant ses eaux en plein Océan, il présente également à l'observation attentive un *bassin de réception*, une gorge qui est ici un *canal d'écoulement*, un *lit de déjection* enfin qui, sur le rivage de la mer, prendra le nom de *delta*. Et si le delta ne se rencontre pas encore à l'embouchure de certains fleuves, c'est, dit M. Philippe Breton, que le monde n'est pas encore assez vieux. Laissez faire les siècles, et le delta, véritable cône de déjection sous-marin, finira par émerger. Si calme et pacifique qu'il soit d'ordinaire, le fleuve ne laisse pas, de loin en loin, que de charrier des troubles et des limons qu'il dépose le long de sa route et là où se termine son cours ; il faut donc qu'il affouille dans sa partie supérieure et dans celle de ses affluents, c'est-à-dire dans son *bassin de réception*. Dans l'intervalle est le corps même du fleuve, tronc intermédiaire, qui n'est autre que le canal d'écoulement correspondant à la gorge du torrent proprement dit (1).

IX.

MARCHE A SUIVRE DANS LA LUTTE CONTRE LA TORRENTIALITÉ.

On s'est efforcé, dans le précédent article, d'esquisser à grands traits une théorie générale des torrents. Il s'en faut toutefois que cette théorie soit sans défaut et surtout complète. Les exceptions que l'on pourrait lui opposer seraient peut-être presque aussi nombreuses que ses applications vraies, et sa généralité consiste principalement en ceci que les exceptions dont nous parlons varient autant entre elles qu'avec la règle elle-même. De même qu'on ne saurait trouver sur un même arbre deux feuilles identiquement

(1) Alex. Surell. l. c., l, 1, V. — Philippe Breton, *Etude d'un système général de défense contre les torrents*, chap. 1er, § 3.

pareilles, il est permis de dire avec non moins de vérité qu'il n'existe pas deux torrents entièrement semblables. De plus, les torrents des Basses-Alpes, par exemple, diffèrent notablement, pris dans leur ensemble, de ceux des Hautes-Alpes, comme ces derniers de ceux de la Drôme où de l'Isère, à plus forte raison des Pyrénées ou des Cévennes. Les pentes, les terrains traversés ne sont pas les mêmes. Tel torrent coule dans les marnes, tel autre dans les grès, un troisième dans les alluvions, celui-ci sur un versant dont la déclivité générale ne dépasse pas 7 centimètres par mètre, celui-là sur des pentes variant de 12 à 15 pour cent. Il y a plus. Les courbes du lit et du cône de déjection d'un même torrent varient dans leur mode de formation, suivant que l'on est dans la période du transport des matériaux de petite, moyenne ou forte dimension. A vrai dire, chaque torrent a sa torrentialité spéciale, dérivant sans doute de la loi torrentielle générale, mais modifiée suivant une extrême variété de cas particuliers et de circonstances plus ou moins imprévues. Autrement dit, s'il est quelques règles sûres et constantes pour définir le régime torrentiel, il en est d'autres qui, vraies pour certains torrents et en un temps donné, cessent de l'être pour d'autres torrents, ou pour le même torrent en des temps différents. Tout torrent, par exemple, forme un cône de déjection à sa sortie du canal d'écoulement ou de la gorge (1). Si la forme de ce cône suit normalement les alternatives et les vicissitudes qui ont été retracées et réalise les formes qui ont été décrites au chapitre précédent, en revanche ce cône peut être travaillé et remanié de bien des manières par les

(1) Nous avons vu, dans l'article précédent, au chap. VIII, que cette règle générale elle-même peut comporter une exception. C'est le cas où la gorge, le canal d'écoulement, débouche sur une rivière, un cours d'eau permanent d'un débit suffisant pour entraîner tous les matériaux de transport au fur et à mesure de leur dépôt dans le lit de ce cours d'eau. Ce cas est assez rare, mais peut se rencontrer. La loi des dépôts n'en est point infirmée : mais une cause particulière et étrangère à la constitution même du torrent détruit le dépôt, et par conséquent le cône de déjection, au fur et à mesure de sa formation.

eaux des orages postérieurs à sa formation. Suivant la force et l'intensité de l'orage et, cónséquemment, la quantité et la vitesse des eaux, la courbe de l'axe du cône affecte des formes très variées, généralement convexes, mais dont la convexité diminue pour se transformer en concavité à mesure que l'on remonte vers le canal d'écoulement. On voit même parfois, à la suite d'orages violents, des cônes devenus complètement concaves. Plus tard, après une série successive d'orages plus faibles, ils finissent par reprendre une convexité parfaite, pour redonner ensuite à leur profil en long la forme concave vers le ciel dont il a été parlé au chapitre précédent, au fur et à mesure de l'action lente et continue des eaux ordinaires en l'absence de tout orage. D'autres fois, ce profil prend une forme sensiblement rectiligne dont la légère concavité est à peine accentuée. Le cône se forme alors par une série de recouvrements parallèles, bossués il est vrai, mais tendant à la surface conique régulière, c'est-à-dire, à une surface pouvant donner partout, dans les mêmes conditions, un passage praticable à la lave.

On ne saurait donc, en matière de torrents, accepter les généralisations absolues. C'est un écueil que n'a peut-être pas su toujours éviter M. le conservateur Costa dans son traité d'ailleurs si savant sur les lois et les effets des torrents (1). Mais, en observant sous ce rapport une réserve suffisante, cet ouvrage n'en est pas moins un guide précieux, que l'on étudiera toujours avec fruit et qui a été plus d'une fois mis à profit par M. Demontzey conservateur des forêts à Aix, l'auteur du plus récent écrit sur la matière (2) : nous avons déjà, et plus d'une fois, invoqué l'autorité de ces deux agents supérieurs du service forestier. Nous l'invoquerons encore.

(1) *Les Torrents, leurs lois, leurs causes. leurs effets,* par M. Costa de Bastélica, conservateur des eaux et forêts, 1874, ouvrage précédemment cité.

(2) *Etude sur les travaux de reboisement et de regazonnement des montagnes,* par M. Demontzey, conservateur des forêts, 1878. — Une nouvelle édition a été publiée, en un plus petit format, à la fin de 1881.

Rappelons, d'après eux, les deux modes de classification des torrents adoptés, selon qu'on envisage les principales conformations auxquelles on peut les rattacher, ou bien les causes qui déterminent leur action finale au fond des vallées.

Au premier de ces deux points de vue nous avons :

1º *Les torrents simples*, amenant par un unique canal d'écoulement, une seule gorge, les eaux et matériaux provenant des ravins plus ou moins nombreux du bassin de réception au cône de déjection.

2º *Les torrents composés* de deux ou plusieurs torrents simples se réunissant dans une grande gorge, dans un commun canal d'écoulement, avant d'épancher, en forme de cône, leurs déjections dans la vallée.

3º *Les combes*, sortes de torrents simples, élémentaires, le plus souvent à sec en temps ordinaire et creusés dans quelque effondrement d'un flanc de montagne.

Au point de vue du mode d'action et de l'origine des matériaux charriés, nous avons indiqué cette autre classification:

1º *Les torrents à affouillements*. Ce sont ceux qui ne transportent et ne déposent que les matériaux qu'ils ont eux-mêmes arrachés à leur lit, à leurs berges, aux versants qui les dominent.

2º *Les torrents à casses* ou *à clappes*. Ce sont les torrents qui, en outre du produit de leurs affouillements, transportent et déversent dans la vallée les débris tombés par leur propre poids des sommets, et qu'ils rencontrent sur leur passage.

3º Enfin les *torrents glaciaires* dont le nom renferme la définition.

S'il est des torrents qui, par leur aspect général ou leur mode d'action, ne rentrent exactement dans aucun des six classements qui précèdent, du moins s'y rattachent-ils à peu près tous par quelques traits essentiels. Il faut bien d'ailleurs établir une certaine généralisation, si l'on veut fonder une théorie sur laquelle on puisse s'appuyer dans la pratique, au moins quant à ses préceptes fondamentaux, et sauf à savoir discerner avec la sagacité requise les exceptions que des circonstances particulières ou locales peuvent contraindre à lui apporter.

Nous avons suffisamment insisté, dans notre deuxième chapitre(1), sur les effets destructeurs des torrents pour n'avoir pas à y revenir. Il s'agit maintenant d'étudier les moyens de les combattre efficacement et d'opposer à leur action des obstacles permanents et définitifs.

Si ces moyens sont aujourd'hui connus et appliqués, ce n'est pas sans bien des recherches, bien des tâtonnements, bien des mécomptes parfois, qu'on y est arrivé. Le principe en avait été cependant merveilleusement mis en lumière, dès 1841, par M. l'ingénieur Surell, dans le magistral écrit que nous avons plusieurs fois déjà signalé.

Il y constate un double et significatif ordre de faits.

1° Partout où ont été effectués, en montagne, des déboisements ou seulement des coupes trop claires, il existe des torrents en activité et d'autant plus accusés quant à l'étendue de leurs bassins de réception et à la profondeur de leurs ravinements, que les déboisements remontent à une époque plus reculée. D'où une première et double conclusion :

La présence d'une forêt sur un sol empêche la formation des torrents. — La destruction d'une forêt livre le sol en proie aux torrents.

2° Partout au contraire où coulent des ruisseaux et des cascades réguliers et paisibles, mais entourés des traces d'anciens ravages torrentiels ayant cessé depuis longtemps, les croupes, les versants, les bassins de réception sont revêtus d'une abondante et vigoureuse végétation forestière. Et quand, en de telles régions, la cognée en vient à faire tomber une part trop importante des massifs boisés, tout aussitôt se rallument les torrents naguère éteints. Les ruisseaux paisibles, au cours régulier, aux eaux claires et limpides, re-

(1) *Revue des questions scientifiques* de janvier 1882, pp. 121 et suiv.

deviennent presque instantanément des torrents impétueux affouillant leurs lits et leurs berges, se chargeant de limon, de graviers et de pierres, vomissant enfin de nouvelles masses de déjections sur des cônes ou lits cultivés sans défiance de temps immémorial. De là cette seconde conclusion parrallèle à la précédente :

Le développement des forêts provoque l'extinction des torrents. — La chute des forêts rallume ou revivifie les torrents éteints.

De ces deux ordres de lois constatées par l'observation des faits et qui se vérifient toujours, la démonstration et l'explication sont clairement fournies par le savant ingénieur(1), qui s'appuie sur des considérations analogues à celles que nous avons essayé de développer aux chapitres II et III de ces études. Ces vérités n'ont jamais été sérieusement contestées(2). Mais ce qui le fut longtemps, c'est la possibilité de les appliquer par la reconstitution d'un état de choses ancien, aujourd'hui en partie détruit. M. Scipion Gras, dans ses *Études sur les torrents des Alpes* (1857), démontre pertinemment comment la revivification d'anciens torrents depuis bien longtemps éteints, la formation de cer-

(1) Cf. *Étude sur les torrents des Hautes-Alpes*, 2ᵉ édit. 1870, t. I, chap. XXV et XXVI.

(2) Nous ne ferons pas l'honneur de la considérer comme sérieuse à une thèse contraire soutenue en 1865, pour les besoins d'une cause chère en haut lieu, par un ingénieur qui eût pu faire meilleur emploi de ses connaissances, et par un illustre homme d'épée, beaucoup plus compétent, sans doute, dans les questions de balistique et de castramétation qu'en matière forestière. Le gouvernement d'alors caressait le projet de réaliser une somme de cent millions par l'aliénation en sol et superficie de forêts de l'État en quantité suffisante. L'opinion publique était fort opposée à un pareil projet, et l'on cherchait à lui donner le change en s'efforçant de lui faire accroire que l'influence des forêts était non seulement inutile, mais nuisible. On soutenait sérieusement que, loin d'apporter un obstacle au débordement des cours d'eau, les forêts y contribuaient au contraire. On les comparait à d'immenses parapluies *(sic)*, rejetant toutes les eaux qui tombaient sur elles au delà de leur périmètre pour en inonder la plaine avoisinante ! Comme si l'ensemble des cimes de tous les arbres composant chaque masse boisée, formait une surface continue comparable à l'étoffe de cet objet dont on se sert, quand il pleut, pour s'abriter la tête et les épaules. Beaucoup d'autres considérations des adversaires d'occasion de l'utile influence des forêts étaient de même force. On comprendra que nous n'insistions pas.

tains autres là où il n'en avait jamais existé, proviennent exclusivement du déboisement. Il en conclut qu'il faut, en premier lieu, améliorer et étendre autant que possible *les forêts encore existantes* dans les Alpes ; « car il est incontestable, ajoute-t-il, que ces forêts limitent l'action dévastatrice des torrents déjà formés et s'opposent à ce qu'il en naisse d'autres. » Cette première conclusion est inattaquable, et tous les faits la corroborent. Une seconde n'a pas été très exactement vérifiée par l'événement ; voici comment l'exprime le savant ingénieur : « Le boisement des surfaces entièrement dénudées, qui serait nécessaire pour arrêter leur dégradation et prévenir les ravages torrentiels, *doit être regardé comme une opération en général impossible*, puisque dans l'état actuel de ces surfaces nulle plante ne peut y croître... L'emploi de la végétation pour empêcher que les cailloux ne descendent dans les lits de déjection, présentant dans la pratique des difficultés *qui paraissent insurmontables*, il faut avoir recours à d'autres moyens (1). » Suit l'indication des moyens proposés par le savant théoricien, lesquels, consistant en des systèmes de retenue tantôt complète, tantôt partielle des cailloux au moyen de barrages peu élevés ou seuils étendus dans les élargissements du lit, n'ont pas donné, quand on a voulu les appliquer, les résultats que s'en promettait leur auteur. C'est au contraire le boisement des surfaces entièrement dénudées, regardé par lui comme généralement impossible, que l'on est parvenu à rendre possible, en modifiant l'état actuel de ces surfaces, comme nous le verrons plus loin.

Sans doute il serait matériellement impraticable, le plus souvent, d'effectuer *immédiatement* des reboisements sur des versants instables entièrement dépouillés et comme déchiquetés, dont chaque orage balaye la surface en y opérant des dégradations nouvelles. Mais si, par des moyens artificiels, il était possible d'arrêter provisoirement ou au moins d'atténuer dans une proportion suffisante ces dénu-

(1) Cf. *Étude*, p. 51, Paris, Dunod.

dations incessantes en restituant au sol la stabilité qui lui manque ; mieux encore, si l'on pouvait reconstituer peu à peu un sol végétal sur les versants qui en ont été complètement déblayés ; n'est-il pas vrai que les objections ou plutôt les dénégations de M. Scipion Gras tomberaient d'elles-mêmes ? Or c'est précisément ce que le service forestier est parvenu à réaliser, ce qu'il réalise tous les jours.

Un autre ingénieur en chef que nous avons eu aussi l'occasion de citer, M. Philippe Breton, a proposé, pour la retenue des graviers des torrents, un système qui est l'opposé de celui de M. Scipion Gras. L'ingénieur en chef des ponts et chaussées se rapproche toutefois de son collègue des mines sur ce point que la reconstitution de l'armature végétale sur les flancs montagneux dénudés est, à ses yeux, sinon impossible, du moins bien tardive et en tout cas insuffisante. Il en conclut que, tout en laissant aux forestiers le soin de rechercher et d'appliquer, dans les limites du possible, les mesures conservatrices propres à empêcher les matériaux d'être arrachés du flanc des montagnes, il appartient aux ingénieurs d'élever les ouvrages propres à arrêter la marche de ces matériaux une fois que, ayant échappé à l'action des mesures conservatrices, ceux-ci se sont mis en marche suivant le fond des ravins et le lit du torrent (1). Dans ce système il ne s'agit plus de barrer, par des seuils de peu de hauteur disposés avec des blocs enchaînés l'un à l'autre, les plus grandes sections des élargissements du lit, mais au contraire d'élever successivement dans les étranglements de la gorge des séries de solides ouvrages en maçonnerie hydraulique, d'une hauteur relativement considérable. « Après avoir longtemps réfléchi, je me suis arrêté, dit-il, à cette idée que, pour préserver de l'invasion d'un torrent une plaine où il débouche, il faut établir en premier lieu *un seul* barrage placé *à la sortie de la gorge* ou tout auprès, puis un second barrage à quelques mètres seulement en

----

(1) Cf. *Mémoire sur les barrages de retenue des graviers dans les gorges des torrents*, par Philippe Breton, ingénieur en chef des ponts et chaussées. — Gr. in-4° de 67 pp. et 6 planches. — 1867. Paris, Dunod, p. 5.

amont du premier, lorsque celui-ci cessera d'être efficace ; puis un troisième à quelques mètres en amont du second, lorsque à son tour le second aura achevé le service qu'il peut rendre, et ainsi de suite (1).

Le principe de ce système est précisément celui qui reçoit aujourd'hui son application, non plus seulement pour arrêter, dans les ravins et les torrents, la marche des matériaux « échappés à l'action des mesures conservatrices », mais encore pour préparer l'extension de celles-ci , leur création même sur les points où, à première vue, elles paraîtraient impossibles à établir.

Il n'a pas été jugé expédient de répartir entre deux administrations différentes, comme semblait l'indiquer le mémoire de M. Philippe Breton, deux branches si connexes et si enchevêtrées l'une dans l'autre d'une même opération. Or si, des deux administrations des ponts et chaussées et des forêts, une seule devait être exclusivement chargée de l'œuvre, il est incontestable, s'écrie avec une noble impartialité un ingénieur de talent, enlevé trop tôt à la science et à ses applications, il est incontestable que cette tâche revient à l'administration des forêts. « Il y a sur la planète du travail pour tous ; et, applaudissant sans arrière-pensée aux heureux efforts des forestiers qui sont désormais leurs émules dans l'art des travaux hydrauliques, les ingénieurs peuvent se réjouir que deux d'entre eux (2) aient, par leurs études forestières, attaché leur nom, l'un à la fixation des dunes, l'autre à la régénération des Alpes (3). »

Abordons maintenant le problème de l'*extinction* des torrents. Ou mieux, divisons le travail, et occupons-nous d'abord de leur *correction*, qui est la première partie de l'opération, celle à laquelle il est pourvu par les travaux d'art que nous aurons à indiquer ou à décrire. L'extinction proprement dite et définitive ne viendra que plus tard, à

(1) Ibid., p. 6.
(2) Brémontier et Surell.
(3) Ernest Cézanne, *Étude sur les torrents des Hautes-Alpes*, t. II, 1872, Paris, Dunod, p. 242.

la suite du rétablissement suffisamment assuré de la végétation que les travaux de correction ont précisément pour effet de rendre possible. La marche à suivre avait été magistralement et si exactement tracée par M. Surell en 1841, que c'est précisément elle qui a été adoptée jusqu'ici dans ses données essentielles, et d'ailleurs sans changements importants.

Adoptant le point de vue le plus général, celui d'un torrent parvenu à son complet développement, — disons d'un torrent composé, pour nous placer sur le terrain des classifications que nous avons adoptées, — il énumère, de la manière résumée ci-dessous, la série des opérations préparatoires :

Tracer d'abord sur chacune des deux rives du torrent une ligne continue qui suivra toutes les inflexions de son cours, depuis sa sortie de la gorge jusqu'à ses origines les plus élevées, de manière à constituer, entre chacune de ces lignes et le sommet des berges, une *zone de défense*. — Suivant le contour du bassin et se rejoignant dans le haut, les zones des deux rives borderaient ainsi, à la manière d'une ceinture, le torrent dans son étendue entière, avec une largeur variable suivant les pentes et la consistance du terrain, mais qui croîtrait rapidement au fur et à mesure de son élévation dans la montagne, commençant par exemple à une quarantaine de mètres à l'issue inférieure de la gorge, pour atteindre et dépasser quatre à cinq cents mètres sur les hauteurs.

Le torrent-type que nous considérons étant un torrent composé, il va sans dire que ce tracé s'appliquerait pareillement aux affluents du torrent principal, c'est-à-dire aux torrents secondaires qui s'y déversent, — puis aux ravins que reçoivent ces torrents secondaires, — puis aux ravines, — puis aux ramifications de troisième et de quatrième ordre, ne s'arrêtant « qu'à la naissance du dernier filet d'eau, » le torrent se trouvant ainsi enveloppé jusque dans ses plus petites ramifications.

Les *zones de défense* s'élargissant beaucoup en pénétrant dans le bassin de réception où les ramifications sont d'ailleurs plus rapprochées et plus nombreuses,il leur arrivera de se toucher les unes les autres, de s'entrecroiser même, se confondant ainsi dans une région générale qui couvrira, sans enclave ni interstice, toute cette partie de la montagne (1).

On comprend d'ailleurs que les largeurs indiquées plus haut soient sujettes à une grande variabilité. Elles iraient même parfois jusqu'à se réduire à zéro dans le cas de portions de berges non encore déboisées et d'une solidité éprouvée, s'il n'était nécessaire de les comprendre, au moins en partie, dans l'intérieur de la zone : car il faut s'assurer la possession du thalweg, comme aussi appuyer des ouvrages destinés à consolider les portions déboisées en amont des mêmes berges, et enfin ménager la continuité des sentiers et autres voies de communication. Il est indispensable, en effet, de maintenir à l'état continu la ceinture formée par la ligne périmétrale autour du torrent et de ses ramifications (2) ; et, quand plusieurs torrents se trouvent rapprochés sur le territoire d'une même commune, ce qui n'est pas rare, la ceinture protectrice de l'un se rejoint souvent avec celle de l'autre, d'autres fois s'en approche seulement, laissant des intervalles de l'une à l'autre, parfois des enclaves entièrement fermées dans l'intérieur du périmètre général. Ces enclaves et semi-enclaves sont occupées tantôt par des hameaux et les terrains environnants, tantôt, quoique rarement, par des propriétés particulières en bon état et couvertes d'une végétation suffisante. Au fur et à mesure que les zones se rapprochent en remontant vers les sources des torrents,les enclaves et intervalles deviennent plus rares et finissent par disparaître dans la continuité du périmètre, aux abords des crêtes. Souvent un périmètre établi sur le territoire d'une commune

---

(1) Cf. Alex. Surell, *Torrents des Hautes-Alpes*, t. I, xxxii, pp. 202-203.

(2) Demontzey, *loc. cit.* p. 22, au § intitulé en marge : *Nécessité d'une zone continue.*

confond, dans ces régions supérieures, sa limite avec celles des périmètres assis sur le territoire de communes limitrophes. Disposition toujours favorable et à rechercher ; elle permet une communication facile entre deux périmètres voisins, au grand avantage de l'économie des travaux, de la facilité de la surveillance et, dans l'avenir, de l'exploitation des forêts à créer.

Laissant de côté, pour le moment, les questions administratives et de formalités légales, afin de ne nous occuper que de la partie technique de l'œuvre, nous résumerons ainsi, d'après MM. Surell et Cézanne, la série d'opérations nécessaires pour arriver au résultat cherché : la restauration de la montagne par l'extinction de ses torrents.

> 1° *Tracé des zones de défense*, dont nous venons de parler ;
> 2° *Boisement de ces zones ;*
> 3° *Plantation des berges vives ;*
> 4° *Construction des barrages.*

Seulement la question du *boisement* se compliquant, depuis la loi de 1864, de celle du *gazonnement* qui n'est d'ailleurs utilement applicable que dans des cas relativement exceptionnels, et la plantation des berges vives étant un cas particulier du boisement, nous nous occuperons d'abord du quatrième ordre d'opérations. L'expérience n'a pas tardé du reste à faire comprendre que celui-ci devait très généralement précéder le second et aussi le troisième, qui cependant le suit de très près ou se combine même avec lui.

X.

OUVRAGES GÉNÉRAUX DE CONSOLIDATION.

Nous avons rappelé, un peu plus haut, les deux classifications adoptées pour les torrents. La première, celle qui se fonde sur leur conformation plus ou moins simple ou compliquée est sans grande importance au point de vue de la nature des ouvrages à leur opposer : du plus petit au plus grand, ce sont toujours les mêmes effets ou, plus exactement, les mêmes séries d'effets à combattre par des systèmes analogues. Tout autre est l'influence du mode d'action des torrents qui résulte de l'origine des matériaux transportés par eux. Dans les torrents dits *à affouillements* qui ne charrient d'autres corps que ceux-là mêmes qu'ils ont arrachés de leur lit et de leurs berges, le but que l'on doit se proposer et que l'on peut atteindre, est la suppression même de tous transports par la suppression de leur cause, l'affouillement. On ne saurait arriver à un même résultat pour les torrents *à clappes* et pour les torrents *glaciaires*, qui reçoivent d'une provenance étrangère une part importante des objets divers qu'ils entraînent. Le but auquel on doit tendre, en pareil cas, est de retenir dans le sein de la montagne la totalité de ces matières pour qu'elles n'exercent pas de ravages dans le fond des vallées.

De là deux catégories d'ouvrages : les ouvrages de *consolidation*, quand il s'agit des torrents à affouillements, qu'ils soient simples ou composés, combes ou ravins ; et les ouvrages de *retenue*, concernant les torrents glaciaires et à clappes.

C'est peut-être pour n'avoir pas su faire, d'une manière suffisante, la distinction de ces deux points de vue que deux ingénieurs aussi distingués que MM. Scipion Gras et Philippe Breton sont restés incomplets dans les mémoires, si remarquables d'ailleurs et si remarqués, qu'ils ont publiés dans cet ordre d'idées. On a dit plus haut que la méthode recommandée par le second de ces savants, pour les ouvrages de retenue, part du même principe que celui sur lequel s'appuie le système de défense adopté aujourd'hui par le service forestier contre l'action des torrents. C'est que, en effet, dans l'un et l'autre cas, le barrage transversal, formant mur de chute pour les eaux et obstacle aux matériaux solides, — qu'il soit d'ailleurs grand ou petit, de retenue ou de consolidation, en maçonnerie hydraulique, de dimensions moyennes, en maçonnerie mixte, à pierres sèches ou **en** clayonnage, réduit même, suivant les cas, à une simple fascine, à un humble boudin placé en travers de la ravine, — le barrage transversal est la base, le fondement de toute lutte contre la torrentialité, de toute préservation contre les matériaux, quelle que soit leur provenance, entraînés au pied des montagnes, comme de toute consolidation et reconstitution de celles-ci.

Occupons-nous d'abord des *barrages de consolidation* destinés à la correction des torrents affouillables par la suppression des affouillements afin de rendre au sol sa fixité et sa stabilité. Ce sont ceux dont l'étude demande le plus de développements. Ce sont eux aussi dont l'emploi doit être le plus fréquent. Les torrents glaciaires et à clappes ne laissent pas non plus que d'affouiller leur lit et d'ajouter les effets de leurs affouillements aux produits des clappes et des moraines qui les alimentent de matériaux étrangers. Il se présente donc forcément des circonstances où, avec les *barrages de retenue*, doivent se combiner les barrages de consolidation, pour arriver à la correction complète d'un torrent ou système de torrents donné. La correction étant obtenue par une série de barrages appropriés, à la construction desquels l'addition de la végétation ligneuse apporte, dans beaucoup de cas, un incontestable élément de solidité et de durée indéfinie, l'on arrivera ensuite et ultérieurement à l'*extinction* complète par les travaux de reboisement proprement dits, qui peuvent seuls produire une réduction considérable et partant suffisante de la masse des eaux.

Quelques observations dominent le principe de la consolidation des montagnes.

En premier lieu ce n'est pas directement, dans la plupart des cas, et par sa propre résistance qu'un barrage consolide le terrain, mais bien par l'atterrissement qu'il provoque à son amont, par l'élargissement de la section du lit et la diminution de la pente : toutes deux concourent au ralentissement de la vitesse du courant. La hauteur de l'atterrissement doit être calculée en proportion de l'effort qu'il aura à supporter, autrement dit de la puissance des berges qui devront s'appuyer sur lui.

En second lieu, les travaux doivent être combinés en vue d'éviter, au moins dans les barrages principaux, un atterrissement vaseux ou terreux : en ces conditions, loin de procurer la consolidation des berges, il ne pourrait qu'exercer contre le barrage une poussée compromettante pour sa solidité. L'atterrissement doit être composé de matériaux variés : cailloux et galets de diverses grosseurs, graviers et sables, au milieu desquels la vase se trouve comme noyée et réduite au rôle de ciment limoneux servant à l'agrégation de ces corps divers. On obtient ainsi une sorte de conglomérat artificiel qui fait corps en quelque sorte avec la maçonnerie du barrage, peut acquérir une grande dureté et donne aux berges sur lesquelles il s'appuie une assiette inébranlable.

Les barrages en pierre doivent présenter en plan une courbure dont la convexité soit dirigée vers l'amont, c'est-à-dire, être construits en forme de *voûte horizontale*, toutes les fois que le creusement des berges pour les fondations, mettant à découvert soit la roche vive, soit un terrain suffisamment solide, permet de donner aux montants de cette voûte un point d'appui inébranlable. La forme voûtée offre, avec un volume de maçonnerie moindre, une plus grande résistance à la pression des matériaux que le barrage arrête sur leur route. Mais si les berges n'étaient pas d'une solidité suffisante, il serait préférable de lui substituer un *mur rectiligne* et suffisamment épais, car une voûte privée d'appuis ne résisterait que par sa masse seule. Mais, rectiligne ou en voûte horizontale, le barrage de pierres doit toujours avoir son parement d'aval construit avec un fruit de 20 à 30 pour cent, ordinairement 25. Ce parement présente ainsi, dans les barrages curvilignes, une portion de surface conique ayant pour directrice une ligne inclinée suivant le fruit daopté, et pour axe la verticale passant par le centre de la courbe. Le couronnement est formé soit par une courbe régulière, concave vers le ciel, dont la corde et la flèche sont déterminées par la section à donner au débouché, soit par une surface à peu près horizontale, relevée sur les bords par deux ailes destinées à contraindre le courant à se renfermer dans la section ainsi obtenue (1).

Une grande épaisseur doit être donnée à des ouvrages qui, destinés à supporter des poussées considérables, sont appelés, dans une mesure importante, à résister par leur masse. Prise au milieu du couronnement du barrage, cette épaisseur doit égaler ou à peu près la moitié de la hauteur au-dessus du lit, mesurée sur le parement d'amont, ce qui suppose aux fondations, en tenant compte du fruit adopté, une épaisseur énorme (2).

(1) Cfr. Demontzey, *Étude sur les travaux de reboisement*, p. 45.

(2) Ibid., p. 53 ; Costa, *les Torrents*, p.144. — Par exemple, au barrage n° 1 du torrent du Bourget, la coupe en travers sur l'axe donne 2 mètres d'épaisseur au couronnement, 5 mètres de hauteur au-dessus du lit, 6m20 de hauteur au-dessus des fondations, et une épaisseur, auxdites fondations, de 4m04. (Voir l'Atlas joint à l'*Étude sur les travaux de reboisement*, pl. V, fig. 18). Ce barrage, cependant, n'est pas le plus considérable de ceux du célèbre torrent. Celui qui porte le n° 2 et qui est un barrage rectiligne, ne compte pas moins de 2m50 d'épaisseur au milieu de son couronnement, et de 31 mètres de longueur mesurée en haut de son parement d'amont, sur une hauteur de 7 mètres en aval au-dessus du thalweg, et de près de 11 mètres les fondations comprises.

Il en est d'autres plus importants encore ; tel, par exemple, le grand barrage du torrent du Vachères près Embrun (Hautes-Alpes). Sa longueur totale en travers du lit est de 56 mètres, sa hauteur de 9m50 y compris 3 mètres de profondeur des fondations. La hauteur des ailes est de 3 mètres avec un fruit de 10 p. 100. Enfin l'épaisseur en est de 5 mètres au couronnement et de 13m50 aux fondations.

Le barrage principal du ravin de Rieulet dans le périmètre de Barèges (Hautes-Pyrénées) dépasse de beaucoup en hauteur le précédent. Ce barrage, commencé en 1867, a été achevé seulement en 1877. Il occupe le milieu, à peu près, du canal d'écoulement : il n'entre dans sa construction que de larges blocs de granit appareillés avec soin et par assises successives. *Sa hauteur est de 19m60*, son développement à la couronne de 53 mètres et son épaisseur de 4 mètres. Son cube de maçonnerie s'élève au chiffre de 1568 mètres. Dans les dix ans écoulés depuis le commencement des travaux jusqu'à leur achèvement, il a emmagasiné à son amont 28000 mètres cubes

Les barrages en pierre peuvent être à pierres sèches, en pleine maçonnerie hydraulique ou en maçonnerie *mixte*. Dans ce dernier cas, le corps seulement du barrage est construit à pierres sèches : le parement d'aval et le couronnement sont en maçonnerie au mortier sur 80 centimètres d'épaisseur, et l'arête du couronnement vers l'aval est en pierres de taille jointoyées également au mortier. Comme les eaux d'infiltration ne trouveraient pas libre passage au travers d'une maçonnerie consolidée de la sorte, ainsi qu'il arrive dans une maçonnerie exclusivement de pierre sèche, on a soin de ménager, au niveau et sur l'axe du lit, un pertuis ou aqueduc également construit en maçonnerie de mortier sur une épaisseur, tout autour, de 80 centimètres. Par cette voie s'écoulent les eaux d'infiltration et les matières terreuses qu'il importe de ne pas laisser dominer dans l'atterrissement d'amont.

L'existence d'un aqueduc est nécessaire à plus forte raison dans les barrages exclusivement construits en maçonnerie à chaux et à sable, lesquels sans présenter, dans beaucoup de cas, des garanties de solidité et de durée sensiblement supérieures à celles des barrages en bonne maçonnerie mixte, entraînent une dépense beaucoup plus élevée.

Quant aux barrages en pierre sèche, ils sont bien plus économiques, moins pourtant qu'il le semblerait au premier abord. L'obligation de parer sur quatre faces chacune des pierres du couronnement et du parement d'aval n'existe plus avec la maçonnerie au mortier ; et ce travail, quand il s'exerce non sur des grès d'un clivage facile, mais sur des calcaires durs, devient très onéreux.

de déjections de toute nature qui se fussent déversées chaque année par quotités moyennes de deux à trois mille mètres cubes dans le lit du torren principal, le Bastan, sur la route thermale de Barèges et sur les prairies environnantes.

Cf. *Monographies de travaux de reboisement et gazonnement exécutés dans les Alpes, les Cévennes et les Pyrénées de 1861 à 1878. — Paris, impr, nat.*

De plus il est souvent nécessaire, avec la maçonnerie en pierre sèche, de relier les pierres du couronnement par des crampons en fer, nouvelle dépense inconnue avec la maçonnerie de mortier pure ou mixte. D'autre part, la maçonnerie sèche a cet inconvénient qu'une seule pierre enlevée peut amener la destruction rapide ou même presque instantanée de l'ouvrage tout entier, ce qui n'a pas lieu avec un épais parement d'aval solidement jointoyé au mortier. Enfin, dans le cas où le courant se compose d'une lave semi-liquide, celle-ci, en pénétrant entre les joints, y laisse une sorte de ciment limoneux qui n'ajoute rien à la solidité du barrage, mais qui suffit à empêcher ultérieurement le passage des infiltrations : les eaux finiraient alors par former un petit lac ne pouvant trouver d'écoulement que par le couronnement, et au fond duquel se conserveraient jusqu'à complet atterrissement toutes les boues et laves qu'il eût fallu laisser dégorger.

Par toutes ces considérations la maçonnerie mixte est généralement préférée pour les ouvrages importants ; la maçonnerie sèche n'est guère employée que dans les hauts ravins à section peu large, à pentes très rapides, et où les atterrissements à provoquer ne nécessitent qu'une faible élévation des ouvrages (1^m25 à 1^m50 au-dessus du thalweg par exemple); la pierre y est d'ordinaire abondante sur place, et les éléments y manquent au contraire pour l'établissement des *barrages vivants* dont nous parlerons prochainement. Les barrages à pierres sèches ne doivent jamais être rectilignes. On les fait habituellement en demi-voûte horizontale ; c'est-à-dire que le cintre, au lieu d'appuyer directement ses fondations sur les berges, est épaulé sur deux murs rectilignes raccordés tangentiellement avec lui et s'appuyant, eux, obliquement sur les berges. Ces petits ouvrages, qui n'ont à supporter que de faibles pressions en amont, et que rend nombreux le profil ordinairement très relevé des ravins supérieurs, sont désignés sous le nom de *barrages rustiques.*

Certains ouvrages complémentaires sont nécessaires pour assurer la durée et les effets des barrages importants; tels sont radiers, contre-barrages, épis et perrés. Il en sera parlé plus loin avec les détails nécessaires.

Supprimer l'affouillement est, avons-nous dit, le but que l'on doit se proposer et atteindre. Tout le mal provient en effet de l'action affouillante des eaux (1) : pas d'affouillement, pas de transport ni par conséquent de dépôts de matériaux : pas non plus d'usure des versants, pas de glissements de portions de flancs montagneux sur des berges déchaussées et minées. Par conséquent stabilité du sol et consolidation de la montagne.

Suivant que l'on considère l'affouillement dans le sens longitudinal ou de la direction du thalweg, ou bien dans le sens latéral, on reconnaît qu'il est, dans le premier cas, — et abstraction faite quant à présent de la masse d'eau plus ou moins grande qui se précipite dans le lit, — déterminé par le plus ou moins de solidité de ce lit et par son degré de déclivité. Dans le second cas, ce sont les divagations de la crue qui le produisent en minant le pied des berges. Créer un lit à pentes plus douces et le rendre stable ; l'élargir d'autre part de manière à diminuer l'effet des crues et l'encaisser pour mettre ses berges à l'abri de toute attaque ; tels sont donc les moyens qu'indique la raison pour combattre l'affouillement.

Voyons comment ces résultats peuvent être obtenus par les barrages ou murs de chute dont nous avons parlé, combinés le plus souvent avec une série de travaux accessoires

(1) Il ressort de ce qui a été dit dans les études précédentes et sans qu'il soit besoin d'y insister, que l'affouillement dont il est ici question est celui qui a lieu dans le bassin de réception et dans le canal d'écoulement y compris le goulot et la gorge. Sur le cône de déjection il n'en est plus de même, c'est au contraire à y provoquer l'affouillement que l'on doit tendre. D'une part cet affouillement n'y commence que quand cesse le colmatage ou dépôt des matériaux arrachés aux flancs de la montagne ; d'autre part, il a pour effet de creuser au courant normal de l'eau un lit fixe et stable, grâce auquel la nappe relativement immense du cône sera désormais préservée des capricieuses divagations d'un cours d'eau sans rives précises.

qui ont pour but d'en compléter et d'en perpétuer l'effet.

Supposons qu'à la sortie de la gorge d'un torrent un obstacle soit placé qui, laissant s'écouler l'eau, masque toute la largeur comprise entre les berges jusqu'à une certaine hauteur, et retienne ainsi tous les matériaux solides. Il se formera un lit de déjections en amont de l'obstacle; le fond du lit primitif s'exhaussera donc et, par suite, s'élargira ; quand le nouveau lit commencera à atteindre en élévation le sommet de l'obstacle, il viendra un moment où sa pente sera telle qu'en un point quelconque du nouveau profil ainsi formé, autant de matériaux descendront vers l'aval qu'il en arrivera de l'amont ; autrement dit, le nouveau profil déterminé par l'obstacle en son amont, aura atteint ce que nous avons appelé la *pente limite* avec M. Surell et M. Costa, et le *profil de compensation* avec M. Philippe Breton (1). Remplaçons l'obstacle « quelconque » par un barrage solidement construit dans les conditions indiquées plus haut et d'une hauteur de 4 à 5 mètres au-dessus du thalweg, par exemple ; un pertuis ménagé à sa base, et masqué en son amont par un grillage de pieux de bois dur plantés verticalement, laisse libre l'écoulement des eaux et retient tous les gros matériaux. En avant du mur de chute et au pied du pertuis, un fort enrochement, ou mieux un radier solidement construit, recevra la colonne d'eau qui plus tard tombera du couronnement même du barrage et sera ainsi rendue impuissante à affouiller en arrivant à terre. Selon la nature et la grosseur des matériaux déposés en amont de l'obstacle, l'atterrissement prendra une pente limite plus ou moins forte : celle-ci pourra être prévue par l'observation préalable des matériaux déversés sur le cône de déjection en amont duquel est construit le barrage. Admettons, pour fixer les idées, qu'elle soit de 10 ou 15 pour cent.

Si, la pente limite étant atteinte, nous en restions là, il

(1) *Supra*, VIII.

n'y aurait pas grand résultat obtenu ; à la suite d'un temps d'arrêt plus ou moins long, les matériaux recommenceraient à arriver au cône de déjection en passant par-dessus la tête du barrage remblayé et tombant ensuite à son pied. Mais si, au point où commence en amont cette pente limite, que l'on admet comme étant à une distance horizontale du barrage moyennement décuple de sa hauteur au-dessus du lit primitif, nous élevons un second barrage analogue au premier, les mêmes phénomènes se reproduiront derrière ce barrage n° 2. Construisons successivement, par la pensée, autant de barrages en amont les uns des autres qu'il se sera formé d'atterrissements, de manière à arriver à l'origine de la gorge principale ou du canal d'écoulement : il est clair que l'apport de matériaux au cône de déjection aura été suspendu pendant toute la durée du temps nécessaire au comblement de chacun des vides compris entre la paroi amont des barrages et les berges de la gorge, jusqu'aux profils de compensation par eux déterminés. Nous verrons plus loin comment des résultats analogues seront obtenus par des moyens appropriés, dans les ravins secondaires et jusqu'aux dernières ramifications du bassin.

Auparavant signalons un danger grave qui ne serait point évité si les atterrissements formés entre nos barrages successifs étaient abandonnés à eux-mêmes. Ces atterrissements se comportent comme de véritables cônes de déjection. En fait, ils ne sont pas autre chose, et leur profil en travers prendra une forme bombée permettant à l'eau de divaguer d'une berge à l'autre : l'affouillement latéral tendrait ainsi à renaître. En outre, quand, par la suite, la continuation des travaux et, avec le temps, le reboisement du bassin auraient réduit le torrent à ne plus débiter que de l'eau claire, les pentes limites ou profils de compensation obtenus entre chaque barrage et le suivant, tendraient à disparaître pour arriver au *profil d'équilibre* par le redressement très marqué de la pente en amont de chaque palier et son aplatissement dans sa partie aval, suivant la loi exposée, avec figure à l'appui, vers la fin du chapitre VIII ci-dessus. C'est là un fait d'observation qui confirme pleinement les déductions théoriques. Ce travail de redressement à l'amont et de marche vers l'horizontalité à l'aval ne s'opère pas seulement dans le thalweg ; mais, par les affouillements latéraux, il s'étend à toute la largeur de l'atterrissement. La série des barrages échelonnés dans l'étendue du canal d'écoulement deviendrait de la sorte insuffisante, et de nouveaux et de dispendieux travaux seraient rendus nécessaires, si l'on ne trouvait quelque moyen préventif de parer à ce danger.

Admettons, pour fixer les idées, que nous ayons affaire à un atterrissement arrivé à sa pente limite, en amont d'un barrage en maçonnerie mixte mesurant 5 mètres de hauteur au-dessus du lit, hauteur prise au milieu de la concavité du couronnement. La longueur de cet atterrissement est de cinquante mètres ; à sa naissance s'élève un second barrage en grosse maçonnerie. La pente est de 15 p. 100. La largeur de section déterminée par le couronnement du premier barrage est de 12 mètres.

Imaginons maintenant qu'à une distance de 10 mètres en amont de ce premier grand barrage, nous construisions un petit barrage à pierres sèches dont le couronnement déterminera une section de largeur égale ou presque égale, mais qui ne comptera que $1^m 50$ de hauteur mesurée au milieu de la concavité du couronnement. A une nouvelle distance de 10 mètres en amont et après atterrissement, deuxième petit barrage en tout semblable au premier; et ainsi de suite, de manière à avoir quatre petits ouvrages rustiques entre nos deux barrages principaux en grosse maçonnerie. On comprend aisément que le milieu du couronnement du quatrième ouvrage se trouvera au niveau du pied du second barrage principal le long de l'axe du lit, et que la ligne idéale joignant ensemble, par le milieu du couronnement, tous ces seuils, reproduirait exactement, dans une direction parallèle, la pente même de l'atterrissement.

Que va-t-il se passer ?

Nous admettons que le torrent n'amène plus que de l'eau claire, ayant cessé de charrier, grâce aux atterrissements successifs déterminés par les barrages principaux ; et nous supposons que les ailes de chacun de nos petits barrages rustiques ont été prolongées et accentuées d'une manière suffisante pour maintenir le courant au milieu du lit et l'empêcher de divaguer contre les berges.

Rappelons-nous (VII, § 2) que la puissance d'affouillement d'un courant est en raison de sa vitesse et, par voie de conséquence, de sa limpidité, puisque l'adjonction des matières étrangères tend à diminuer la vitesse. Il s'ensuit que les eaux claires, à leur chute du haut de chaque seuil, tendront à affouiller le lit en aval de ce seuil et à déposer les matériaux entraînés en amont du suivant, de manière à réaliser, entre deux seuils consécutifs quelconques, le profil d'équilibre tel qu'on l'a décrit précédemment (VIII). Ainsi remanié, le profil en long du nouveau lit présenterait, entre les deux grands barrages, l'aspect d'un gigantesque escalier. On aurait ainsi reproduit, sur une échelle plus réduite et d'un barrage à l'autre, l'effet à éviter sur l'ensemble des grands barrages, sauf toutefois les affouillements latéraux conjurés par l'artifice indiqué au précédent alinéa. Mais cet effet, difficile à empêcher à moins de dépenses excessives, en opérant directement sur les seuls grands barrages, devient d'une répression aisée et peu coûteuse une fois réduit aux proportions déterminées par les seuils intermédiaires. Quelques pierres réunies et tassées au pied de chacun de ces ouvrages, — presque toujours on trouvera ces pierres sur place — suffisent à empêcher l'affouillement. Si d'autre part l'on a eu soin, en amont de chaque barrage rustique, de combler avec les matériaux qu'on avait sous la main une portion du vide compris entre son parement amont, les berges et le fond du lit, on aura préparé aux eaux un lit nouveau, sans affouillement à craindre, et le long duquel elles couleront paisiblement par une série de petites chutes inoffensives.

Tel est le principe des travaux à exécuter entre deux grands barrages consécutifs pour y empêcher des affouillements et des modifications de profils qui, à la longue, finiraient par les rendre en quelque sorte inutiles.

Dans l'application, ces travaux peuvent subir d'heureuses modifications. Ainsi toutes les fois que l'on pourra se procurer sans frais excessifs et en quantité suffisante des pieux de bois dur, des plançons de saule vif et des branches de même essence propres au clayonnage, on remplacera les seuils ou barrages rustiques par des *barrages vivants*.

Ces barrages sont généralement rectilignes, mais on leur donne, au couronnement, la même disposition en courbe ou portion de polygone ouverte vers le ciel qu'aux seuils en pierre sèche, de manière à obtenir, pour le lit, la même section que celle déterminée par le couronnement des grands barrages. On les construit de la manière suivante :

De forts piquets verticaux sont enfoncés profondément en terre dans une direction perpendiculaire au profil en long, et espacés entre eux de 1^m à 1^m 20. Ces piquets sont alternativement, un en bois dur tel que mélèze, présentant les meilleures garanties de durée, et les deux suivants en *plançons* de saule, c'est-à-dire en branches ou brins de cette essence fraichement coupés (depuis 5 jours tout au plus) et susceptibles de prendre racine et de jeter des bourgeons et une ramure. D'autres branches de saule, un peu moins fortes pour garder la flexibilité nécessaire, sont placées horizontalement en enlacement ou tressage, c'est-à-dire successivement en avant et en arrière des pieux, en commençant au ras du lit. Au fur et à mesure que le tressage s'élève, un remblai en terre et pierraille, devant avoir une plate-forme de 1^m 50 à 2^m au sommet et, en amont, un talus incliné à 45 degrés, est dressé contre le clayonnage, de manière à protéger celui-ci contre le premier choc des crues par le brusque ralentissement de pente qu'il déterminera. En même temps que le remblai et le tressage s'élèvent simultanément, des boutures de saule sont rangées presque horizontalement sur le premier dans le sens du profil en long et suivant toute sa largeur, dépassant le second de quelques centimètres. On a ainsi, quand le tressage et son remblai sont parvenus à leur hauteur normale, plusieurs rangées horizontales de boutures dépassant de la tête la paroi verticale du clayonnage. D'autres boutures sont enfoncées verticalement sur la plate-forme, y formant aussi plusieurs rangées parallèles entre la crête du talus et la tête du barrage. Celle-ci est maintenue vers le haut, soit au moyen de longrines placées suivant la section polygonale du couronnement et renforcées par des moises au nombre de quatre, soit par une longrine unique, horizontale et encastrée dans les berges. Dans le cas de longrines avec moises, ces dernières sont rattachées, à 1^m 50 ou 2^m en amont, à de forts pieux plantés verticalement dans le lit, et légèrement inclinées vers eux de manière à former un ensemble qui se trouve noyé dans le remblai. Au pied et en aval du barrage, on établit un radier ou un fort blocage de pierres brutes, sur une longueur de 2 mètres par exemple, au bout de laquelle il est retenu par un second clayonnage, un peu moins fort et surtout moins élevé que le premier, mais sans longrines ni moises. Une ou deux rangées de grosses pierres sont ensuite fixées au pied et en aval de cette sorte de contre-barrage.

Tels sont les *barrages vivants* de 1er ordre. Ils sont appelés barrages vivants, parce que la plupart des plançons et boutures de saule qui entrent pour une part si importante dans leur construction, ne tardent pas à prendre racine, à se couvrir de verdure et opposent par là un obstacle invincible aux chances de destruction, puisque le développement et la ramification des arbres et buissons ainsi formés oppose incessamment de nouveaux obstacles à la vitesse du courant et à l'entraînement des matières. Celles-ci, retenues, ajoutent leur masse à la solidité des atterrissements.

Pour remplir l'office des ailes prolongées et fortement

accentuées que nous avions supposées d'abord aux barrages rustiques, avantageusement remplacés, toutes les fois que la chose est possible, par les clayonnages transversaux, on enferme la section de lit déterminée par la largeur de leur couronnement entre deux clayonnages longitudinaux, régnant parallèlement au profil en long, de chaque côté et à égales distances de ce profil. Leur construction est d'ailleurs semblable, avec ce détail en plus que les berges sont talutées derrière eux, puis consolidées par de forts plançons de saule enfoncés en nombre suffisant pour les garnir sur leur largeur : ces boutures sont rangées en lignes dont la direction est oblique d'amont en aval vers l'axe du lit. Par ces moyens, le courant est forcément maintenu dans un lit constant, d'incessants et vivants obstacles rejetant toujours ses eaux, même en cas de crues allant jusqu'au débordement, vers la direction du thalweg.

Une saison suffit d'ordinaire pour la formation des atterrissements ainsi provoqués. C'est-à-dire que, construits au printemps, ils sont atterris à l'automne.

Tout n'est pas nécessairement terminé avec la construction et l'atterrissement des barrages vivants encadrés, d'un grand barrage à l'autre, par les clayonnages longitudinaux. Mais avant d'exposer ce qui reste ou, du moins, peut rester à faire pour parachever la correction du torrent, indiquons par quels travaux on complète, avant même de s'occuper des barrages intermédiaires, la solidité et le fonctionnement des barrages principaux.

Ceux-ci, par leur élévation même, seraient une cause importante d'affouillement, par le fait, lors des crues, de chutes d'eau abondante, tombant d'une hauteur de 4 ou 5 mètres, s'il n'était paré par des travaux spéciaux à ce danger. A part le cas où le barrage serait fondé sur le roc, et encore sur un roc non susceptible de se déliter, un puissant affouillement serait inévitable. On a d'abord établi de simples radiers pour recevoir la chute d'eau. Ce moyen peut suffire au pied des barrages dont l'élévation

est faible et le débit relativement peu abondant : autre·
ment, l'action répétée des eaux tombant toujours à la même
place finirait par désagréger les pierres du radier ; elle
les déchausserait ensuite et les déplacerait . De forts
pieux de mélèze, reliés entre eux par des traverses du
même bois et formant ainsi un réseau de grosse charpente
noyée dans la maçonnerie du radier, donnent à celui-ci
une solidité à toute épreuve... tant que le bois résiste lui-
même. Mais les intempéries, les variations de température,
les alternatives de sécheresse et d'humidité auront souvent
raison de la dureté et de la solidité du bois. Celui-ci pourri,
le radier n'offrirait plus aucune résistance.

Un système qui paraît donner des résultats incomparablement meilleurs est le suivant :

On maçonne le fond du lit, en aval du pied du barrage,
sur 1m à 1m 20 d'épaisseur, et ses berges sur une épaisseur
un peu moindre , telle que 0m 70. Cette maçonnerie,
hourdée à la chaux hydraulique autant que possible , est
prolongée sur une longueur de lit toujours supérieure
à la hauteur de chute, avec une largeur calculée de
manière à lui procurer une section supérieure à celle du
débouché : la forme de la coupe en travers de ce canal
devra reproduire à peu près celle du couronnement du barrage. La pente, dans le sens du profil en long, sera nulle
ou très faible et ne dépassera pas en tout cas 2 ou 3 p. c.
L'extrémité d'aval de cette maçonnerie s'appuiera sur un
contre-barrage : c'est un seuil de faible élévation , curvi-
ligne ou droit, fondé profondément, mais assez peu élevé
au dessus du lit en son aval pour qu'aucun affouillement
grave n'y soit à craindre. Le couronnement s'élève ordinairement de cinquante centimètres en contre-haut du radier
quand la hauteur de chute du barrage d'amont est forte,
comme dans le cas que nous envisageons (1). Par suite de
cette disposition, il se forme au pied du barrage une sorte

(1) Quand la chute est faible, on se contente d'établir le couronnement du
contre-barrage au niveau exact du radier.

de réservoir d'eau ayant au moins cinquante centimètres d'épaisseur : grâce à sa longueur comme à sa largeur et à son défaut de pente, des remous s'y établissent, et l'eau du torrent tombe ainsi sur une sorte de matelas liquide qui, tout en amortissant le choc, annule toute la vitesse acquise. Quand elle ressort ensuite par le couronnement du contre-barrage, c'est sans vitesse préalable ; il suffit d'un simple enrochement en pente douce maintenu par des piquets verticaux à son pied en aval pour parer à toute velléité d'affouillement. Si la pente du lit est forte, on établira un deuxième enrochement à la suite du premier en le fixant également par des pieux, puis un troisième à la suite du second, etc.

Dans notre exemple de tout à l'heure, nous avons supposé la construction, entre nos deux grands barrages distants de cinquante mètres, de *quatre* clayonnages transversaux espacés de dix mètres. Nous ne tenions pas compte du contre-barrage du barrage d'amont, n'ayant pas encore mentionné ce genre d'ouvrage. En réalité ce contre-barrage, surtout avec la longueur de radier qui le sépare du barrage et les enrochements établis à son aval, occupe tout l'emplacement du quatrième clayonnage et de son atterrissement. Ce seraient donc trois clayonnages de premier ordre, et distants de dix mètres les uns des autres, que nous aurions dans l'entre-barrage de cinquante mètres supposé.

Si dans les entre-clayonnages ou paliers de dix mètres l'on était fondé à craindre, en raison de la nature du sol ou de toute autre circonstance, que les atterrissements fussent affouillés, on traiterait ceux-ci par des clayonnages plus petits, des clayonnages de 2e ordre n'ayant pas plus de 50 à 60 centimètres de hauteur au milieu du couronnement, et à la construction desquels on n'emploierait plus que des piquets en plançons de saule, placés à 33 centimètres l'un de l'autre seulement, et non pourvus de longrines. Un premier clayonnage de 2e ordre étant ainsi construit à 2 mètres, par exemple, en amont de chaque clayonnage de

1er ordre, on pave le thalweg dans chaque entre deux, puis on plante la partie non pavée du lit avec des boutures ou des brins racineux d'essences feuillues. Lorsque, au bout de quelques mois, l'atterrissement est complet, on procède à la construction, dans les mêmes conditions et sur chaque palier, d'un second petit clayonnage, et ainsi de suite.

Tous les travaux ici décrits se produisant sur toute l'étendue du canal d'écoulement d'un torrent, on voit que le lit de cette gorge se trouvera relevé d'une façon uniforme sur toute sa longueur, pavé le long de son thalweg et planté sur les bords.

Mais ce n'est pas seulement sur le canal d'écoulement que doit se porter la sollicitude de l'agent forestier de reboisement. En même temps que la grande gorge sera ainsi l'objet d'une correction méthodique et suivie, les gorges secondaires, les ravins et sous-ravins jusqu'à leurs dernières ramifications devront être consolidés et atténués par des ouvrages analogues. On y fera en plus petit le même travail. Les grands barrages en maçonnerie pleine ou mixte y céderont le pas aux barrages rustiques et aux clayonnages. A mesure qu'on aura affaire à des lits plus rapides et plus étroits, les barrages vivants deviendront plus nombreux et plus modestes dans leurs dimensions. Les clayonnages de second ordre finiront même par laisser la place à de simples fascinages. En amont de piquets de bois dur plantés en travers de la ravine ou du vallonnement, mais de manière à former une courbe convexe en remontant, on place une première fascine de 1 mètre de circonférence en branches de saule, assez longue pour que ses deux extrémités puissent être encastrées dans les berges, et on l'attache fortement à chaque piquet : on a eu soin, au préalable, d'étendre sur le sol une rangée de boutures dépassant de la tête la ligne des piquets. Après la pose de la première fascine, on recouvre de terre les queues desdites boutures. Une nouvelle rangée de boutures est posée à plat sur la fascine et le petit remblai appuyé sur elle ; puis une seconde fascine est posée sur la première, et l'on continue de la même façon jusqu'à avoir de trois à cinq fascines superposées et entremêlées de boutures. Ce sont les fascinages *de premier ordre* : ils ne peuvent être employés que sur des profils en travers assez étroits, six à huit mètres *au plus*. Dans des ravins beaucoup moins larges encore, une seule ou tout au plus deux fascines superposées, et maintenues par des piquets en plançons de saule fichés en avant ou dans le corps même des fascines, constituent les fascinages de *second ordre*. Ces derniers finissent par se réduire à un simple boudin, une simple bourrée de brins de saule sur le pourtour et de broussailles de toute espèce à l'intérieur. On emploie un système aussi élémentaire dans les ondulations peu profondes qui constituent d'ordinaire les premières origines des ravins soit dans les combes, soit dans les hauteurs du bassin. Souvent même, quand ces ondulations ont des arêtes aiguës tant en crêtes qu'en thalwegs, on commence par rabattre au préalable les premières sur le fond des seconds. On obtient ainsi un premier nivellement, grossier sans doute, mais par suite duquel les profils en travers, auparavant à lignes brisées et angles aigus, se réduisent à des ondulations adoucies sans arêtes ou brisures. L'action des eaux, à tout instant retenues par nos innombrables fascines et leur entourage de boutures, complétera ce nivellement. Ainsi des flancs de montagnes anguleux et décharnés auront fait place à des versants réguliers dont une infinité de petits redans verdoyants interrompront seuls l'uniformité. Les travaux de reboisement seront alors possibles.

On peut voir par ce qui précède que ce n'est point une métaphore excessive de dire que l'on parvient à forcer les torrents, ou plutôt les eaux de la montagne, à refaire ce qu'elles ont défait. Dirigée par la main industrieuse de l'homme, leur action qui, naguère aveugle, n'était qu'un travail de destruction, de bouleversement et de ruine, devient une œuvre de restauration graduelle, de bon ordre et de conservation. Mais au prix de quelle dépense d'efforts, de labeurs, de fatigues et d'argent ! Un humble fascinage à deux rangs de fascines de 3 mètres de long, et dans lesquelles les brins de saule ont été remplacés à l'intérieur par de simples broussailles, ne revient pas à moins de 4 fr. 70. Sur une longueur de 6^m, il revient à 9 fr. Le fascinage de premier ordre à 4 rangs et mesurant 6 mètres de longueur au couronnement coûte 29 fr. 90. Or c'est par milliers qu'il faut les employer souvent, et dans un seul périmètre.

Les clayonnages de 2e ordre, sans moises ni longrines, mesurant seulement 50 centimètres de hauteur et 6 mètres de long valent 12 fr. Ceux de premier ordre mais du second type (à longrine encastrée) reviennent à 48 fr. 20. Et quant à ceux du premier type, avec longrines et moises, la dépense s'en élève, — au moins dans les terrains difficiles et non accessibles aux transports par voiture, ce qui est un cas fréquent en montagne — à 173 fr. 40 [1].

Quant aux grands barrages en maçonnerie pleine ou mixte, on comprend qu'il ne soit pas possible d'en donner des prix types. Ces prix varient avec chaque ouvrage. Seulement ce n'est plus alors par centaines de francs qu'il faut compter, mais par mille et dizaines de mille, et parfois plus encore [2].

---

[1] Cf. *Étude sur les travaux de reboisement*, p. 88 et suiv.

[2] Le barrage n° 6 (entre les piquets n°ˢ 19 et 20 du profil en long) du torrent du Bourget, de 5 mètres seulement de hauteur au-dessus du lit et au milieu du couronnement, 2 mètres d'épaisseur au milieu du couronnement avec un fruit de 20 p. 100 au parement d'aval, figure au devis estimatif pour la somme de 6400 fr., avec un cube total de 412^{mc}557. Voir l'*Étude sur les travaux de reboisement*, p. 62 *ad not.* et note D, p. 337 et suiv., et l'*Atlas* annexé, pl. XVII et XVIII). Or on a vu plus haut que l'on est parfois obligé d'élever des barrages beaucoup plus considérables : tel celui du milieu des ravins de Rieulet (Hautes-Pyrénées) dont le cube de maçonnerie n'est pas inférieur à 1568 mètres.

XI.

OUVRAGES SPÉCIAUX DE CONSOLIDATION.

Les barrages, quels que soient leurs dimensions et leur mode de construction, sont, avec leur complément indispensable, contre-barrage, radier ou enrochement, le principe fondamental, le moyen d'action essentiel de la consolidation des montagnes ébranlées par les effets de la torrentialité. Des cas particuliers peuvent se présenter toutefois où ces ouvrages deviennent insuffisants et où il faut, soit les modifier, soit compléter leur action par des travaux spéciaux, tels que épis, perrés, drainages, canaux de dérivation, digues, éperons, etc. D'autres travaux, comme le curage du lit et le talutage des berges, sont le complément ordinairement nécessaire des ouvrages principaux.

Si, par exemple, sur une portion de la longueur d'un torrent se trouve d'un côté une berge d'un roc vif et dur, de l'autre une berge friable ou terreuse, cette dernière, essentiellement affouillable et en glissement continuel contre l'autre, donnera au lit un profil en travers étroit et très aigu. Il faudra élargir ce lit et rejeter les eaux du côté de la berge de roche dure. On obtiendra ce dernier résultat en donnant à la série des barrages à établir sur cette portion du lit un couronnement non symétrique par rapport à l'axe, et disposé de manière à établir l'axe du lit non plus au milieu du profil en travers de la section, mais dans une position plus rapprochée de la berge solide. Puis, s'appuyant sur celle-ci, un enrochement sera établi au pied du barrage du côté affouillable.

Une autre portion de grand ravin ou de torrent, voisine des sommets, peut avoir des pentes excessives, 30 ou 40 p. 100 par exemple, tout en présentant, comme ci-dessus, d'une part une berge en roche très dure plongeant sous l'autre rive, et de l'autre une berge en matériaux divisés et essentiellement affouillable. L'extrême raideur de la pente ne permet pas de recourir à des barrages suffisamment rapprochés. On construit alors une série d'*épis* ou murs inclinés, réunis entre eux par des blocages offrant la même inclinaison, et constituant, en face de la berge rocheuse, une sorte de berge artificielle formant avec elle un profil en travers triangulaire , et rejetant contre la première le nouveau thalweg qui en résulte. Les épis, formant seuils au-dessus des enrochements, empêchent tout affouillement longitudinal, les érosions latérales étant empêchées par ces enrochements. Aux altitudes élevées où sont nécessaires ces sortes de travaux, on ne peut employer que la pierre sèche, mais elle est suffisante, l'action torrentielle n'ayant pas encore acquis ses forces les plus redoutables.

Aux pentes excessives dont on vient de parler, peut s'ajouter cette circonstance, même dans les hautes altitudes, que le torrent ait, sur une longueur déterminée de son parcours, creusé son lit dans un sol exclusivement terreux, mobile, affouillable, et qu'ainsi ses berges soient sans cesse le théâtre de glissements plus ou moins importants. Multiplier les barrages en maçonnerie avec fondations profondes au fond du lit et au sein des berges serait assurément un remède efficace, mais combien dispendieux! Avec des pentes pareilles, le radier ou le contre-barrage de l'un de ces barrages devrait n'être distant que de quelques mètres du couronnement de son précédent en aval. Il faut donc chercher quelque chose de plus praticable. Or il est clair que si l'on pouvait recouvrir le fond du lit et le pied des berges d'un fort et solide pavage de grosses pierres dûment parées sur leurs faces de contact, on réaliserait artificiellement les conditions d'un lit creusé dans la roche dure et partant inaffouillable. Seulement, pour réaliser ce pavage inaffouillable sur des pentes aussi fortes que celles de l'hypothèse, il faudrait le construire dans des conditions de solidité telles que l'on retomberait sur l'inconvénient de dépense excessive qui a fait écarter l'idée d'une multiplicité de barrages très rapprochés. On est ainsi amené à chercher le moyen de combiner le pavage avec la diminution de la pente. Ce résultat s'obtient par l'établissement, sur la portion de lit à consolider, d'une série de seuils en pierre ayant même section que le pavé et une hauteur de chute calculée de manière à racheter l'excès de pente dans la proportion voulue. D'un seuil à l'autre le pavage n'est pas uniforme, mais à ressauts ou petits gradins successifs en nombre plus ou moins grand suivant le plus ou moins grand intervalle des seuils.

Dans le torrent des Sanières (commune de Jausiers, Basses-Alpes) dont les sources sont voisines de celles du torrent du Bourget, il existait, à la partie supérieure, une portion de lit de 132 mètres de longueur horizontale, avec une pente moyenne de près de 37 p. 100, variant entre des extrêmes de 20 à 53. Ce lit était creusé dans un sol terreux, essentiellement affouillable et exposé à des glissements énormes sur les berges. On y a eu recours à un long perré à gradins. Après avoir au préalable comblé le lit à des hauteurs déterminées avec des blocs et des pierres de toute espèce trouvées dans le voisinage, on construisit sur ce blocage un solide pavage en forme de perré, bordé de chaque côté par des ailes relevées à 45 degrés. A des distances variables et d'autant plus faibles que la pente est plus forte, 5, 6, 10, 12, 15 mètres suivant les cas, ce pavage est relevé et soutenu par un seuil solidement fondé, ayant, comme le perré lui-même, 6 mètres de section, ailes comprises, avec une hauteur de chute de 1^{m}80. La largeur au fond est de 3 mètres, l'épaisseur de la maçonnerie au-dessus du blocage est de 70 centimètres.

Les ressauts ou gradins de second ordre, disposés sur chaque perré entre deux seuils consécutifs, ont 20 centi-

mètres de hauteur. Leur nombre varie, suivant la longueur
du perré, depuis un ou deux le long des perrés de 5 à 6
mètres, jusqu'à quatre, six et huit le long de ceux de 10,
12 et 15 mètres. En prenant les pentes de ces perrés du
pied d'un seuil d'amont au sommet du seuil précédent en
aval, c'est-à-dire sans tenir compte des ressauts, on a des
pentes variant de 8 à 15 p. 100 (1). Tous ces travaux ont été
exécutés en pierre sèche, sauf le premier seuil en aval ;
comme celui-ci sert de base et d'appui à tout le système, on
l'a construit en maçonnerie de mortier. Il est placé au point
où affleure de nouveau la roche dure et y encastre ses fondations. Au-dessus de cet ouvrage, de plus de 130 mètres
de longueur *horizontale*, on a construit, tant dans le lit
principal que dans les ravins et ravines y affluant, 253
barrages rustiques, complétant, avec dix grands barrages
en maçonnerie mixte (dont un avec contre-barrage) échelonnés en aval des perrés, le système de défense du torrent et
des lieux (hameau des Sanières, village de Jausiers, route
nationale n° 100 de Montpellier à Coni, cultures couvrant
le cône de déjection) qu'il menaçait d'une ruine immi-
nente.

La consolidation des berges d'un torrent, le long d'un
versant sujet à des glissements, ne prévient ces derniers que
quand ils n'ont d'autre cause que l'affouillement de ces
mêmes berges. Il arrive quelquefois qu'à la suite de la fonte
des neiges, ou par l'infiltration provenant de sources existant en haut de ces versants, les terres perméables qui
les composent se trouvent saturées d'eau jusqu'au sous-
sol imperméable, en pente comme elles et dans le même
sens. Ces terres détrempées tendent alors à s'écouler à la
façon de masses de mortier sur un plan incliné : la consolidation des berges à leur pied n'y peut rien ; elles s'épan-
dront dans le lit qu'elles exhausseront tout en laissant à

(1) Cf. les fig. 42 à 46, pl. X et XI de l'*Atlas* à l'appui de l'*Étude sur les travaux de reboisement*, de M. Demontzey, donnant le profil en long de l'ouvrage
en son entier, les détails de ce profil entre deux seuils, la coupe en élévation
et les plans d'un seuil et des perrés.

nu la partie supérieure du versant, et ce mouvement continuera jusqu'à ce qu'elles soient parvenues à une position d'équilibre stable.

On peut conjurer ce danger par des travaux de drainage. Nous citerons en exemple ceux qui ont été effectués à ce même torrent des Sanières, dont une portion a été fixée par les perrés à gradins que nous venons de décrire. En 1867, à la suite de la fonte des neiges sous l'influence des pluies chaudes du printemps, une énorme descente de laves, produite brusquement avec accompagnement d'un bruit assourdissant, vint s'épanouir sur le cône de déjection : le temps était calme, le ciel serein, rien ne faisait pressentir cette catastrophe locale, qui se renouvela à plusieurs reprises et pendant trois jours consécutifs, interceptant la circulation sur la route nationale et endommageant en partie les riches cultures qui s'étendent sur le cône (1). A la suite de cet événement, le torrent s'est frayé un nouveau lit, profondément encaissé sur la gauche au pied de cet éboulement, mettant la roche à nu et préparant de nouveaux glissements qu'il s'agissait d'empêcher.

Pour y arriver, il fallait supprimer les infiltrations d'eau qui, lors de la fonte des neiges, occasionnaient le phénomène. On ouvrit d'abord au milieu des glissements, suivant une pente de 15 p. c., quatre grandes tranchées parallèles dirigées obliquement, d'amont en aval, par rapport à la pente générale, de manière à pouvoir conduire les eaux d'infiltration sur des parties rocheuses de berges où elles deviennent inoffensives. Ces fossés qui avaient une profondeur de 1 mètre 10 centimètres comptée du bord inférieur, avec une largeur d'ouverture égale et une largeur de cuvette de 70 centimètres, furent pavés avec soin, puis remplis de grosses pierres au fond, de pierres moins grosses au milieu, et de pierraille à la partie supérieure : l'eau

____

(1) L'important hameau des Sanières est bâti lui-même sur le cône : celui-ci couvre 200 hectares de superficie, dont 80 hectares seulement sont incultes.

pouvait ainsi filtrer facilement dans ces canaux dé drainage. Des drains secondaires, de dimensions un peu moindres (1), mais construits de la même façon, furent disposés de manière à capter les eaux et à les conduire dans les drains principaux. Les infiltrations ont été éteintes par ce moyen, toutes les eaux s'écoulant par les drains sur des points où elles deviennent impuissantes (2).

D'autres fois en écrêtant les arêtes aiguës des versants ravinés, comme il a été dit vers la fin du chapitre précédent, de manière à les niveler suivant un profil ondulé, on draine préalablement le fond des ravins, à l'aide de broussailles ou fascines grossières retenues par des piquets profondément enfoncés, et soutenues de loin en loin par des clayonnages. Sur ces drainages on rejette les matières provenant du ravalement des arêtes saillantes : ils sont ainsi noyés sous les terres qu'ils retiendront en laissant s'écouler l'eau, jusqu'à ce que la végétation, que ces terres sont destinées à porter, remplisse plus tard le même office non moins efficacement mais avec une durée indéfinie (3).

Il peut arriver aussi que la profondeur de la gorge et l'extrême instabilité des berges rendent en quelque sorte impossible l'établissement d'un système de barrages échelonnés, et que la disposition des lieux permette, au contraire, de dériver le torrent en le dirigeant vers un lit inaffouillable, soit naturel, soit créé artificiellement à cet effet. Par là les terrains qu'il s'agit de protéger sont mis à l'abri de toute érosion. M. Costa cite un curieux exemple d'une pareille opération. Un petit torrent, le Palps, commune de Risoul (Hautes-Alpes), excrétait dans la plaine, malgré les minimes proportions de son bassin, une grande

(1) Ouverture horizontale égale à la profondeur verticale comptée du bord inférieur : 0^m70, cuvette : 0^m40. Cf. pl. XXIX, fig. 82 de l'*Atlas* à l'appui de l'*Étude sur les travaux de reboisement*.

(2) Cf. *Monographies de travaux de reboisement*, déjà citées.

(3) Cela a été pratiqué nommément au bassin de Lunel dans le périmètre de Lus-la-Croix-Haute (Drôme). Ibid.

quantité de déjections dont le cône envahissait de plus en plus les voies de communication et les propriétés. Le sagace forestier ne tarda pas à reconnaître que le torrent, qui coulait autrefois dans un lit rocheux, « avait été barré par un éboulement de roches depuis un temps immémorial, et, s'échappant par une brèche, s'était créé un nouveau lit dans des terres meubles où il affouillait avec une énergie extrême, sans que rien pût faire prévoir jusqu'à quelle profondeur il pourrait creuser. Les berges déjà très élevées s'effondraient tout autour à mesure que le gouffre s'approfondissait (1). » M. Costa jugea qu'il fallait couper le mal dans sa racine en faisant rentrer le torrent dans son ancien lit. L'éboulement qui avait jadis fait dévier le torrent fut déblayé, et la brèche que les eaux s'étaient ouverte pour prendre leur nouvelle direction fut fermée par une digue de 80 mètres de longueur. Le torrent se précipita en une série de cascatelles dans son ancien lit de rocher. Tous affouillements et par suite tous transports de déjections prirent terme ; le bassin put être reboisé sans obstacle ; le torrent fut rapidement éteint (2).

Mais l'un des exemples les plus remarquables de correction d'un torrent par un canal de dérivation, c'est encore le périmètre du Vachères qui va nous le fournir, ce torrent, l'un des plus grands des Alpes, dont le bassin ne couvre pas moins de 6000 hectares, et dont le cône de déjection, de son sommet aux rives de la Durance, mesure 5 kilomètres de longueur ! — La région du torrent dont la correction a eu lieu par ce moyen se présentait dans les conditions suivantes :

Un affluent, rive droite du torrent principal, après s'en

______

(1) Costa de Bastélica, *les Torrents,* p. 152.

(2) *Ibid.* — Cette extinction est tellement complète que l'administration des ponts et chaussées à pu renoncer à un projet d'endiguement évalué à 30 000 fr., et qui était destiné à protéger la grande route contre l'envahissement des déjections du Palps. Un simple aqueduc ayant coûté 300 fr. suffit désormais à contenir les eaux.

être rapproché jusqu'à une vingtaine de mètres, s'en détournait assez brusquement sur la droite, par l'effet d'un plateau élevé dont la pointe formait éperon entre les deux cours d'eau. Ainsi détourné de sa direction primitive, cet affluent, qui a nom la Grand'Combe, se précipitait dans une gorge profonde, formée de marnes noires, d'argiles plastiques, de tufs friables ; les berges s'en élevaient déjà jusqu'à une hauteur de 80 mètres au-dessus du lit. A chaque instant ces berges, en s'écroulant, principalement sur la rive droite, donnaient lieu à des débâcles formidables. « Toute la montagne à l'entour en était ébranlée ; à une grande distance, les habitations étaient lézardées. Le sol porte partout les traces visibles d'un travail continu d'affaissement et de glissement (1). » M.Costa évalue aux sept dixièmes de la masse totale des matières charriées par le torrent celles qui lui étaient fournies par cet affluent. On ne pouvait d'ailleurs songer à boiser ces berges sans les avoir d'abord consolidées et fixées, et l'établissement d'une série de barrages dans cette gorge à parois instables eût été presque impossible.

Ouvrir un canal d'écoulement à l'endroit où la Grand' Combe n'est distante du torrent principal, le Vachères, que d'une vingtaine de mètres, afin de l'y rejeter en entier, était une mesure tout naturellement indiquée. Complété par un barrage situé en aval de l'ouverture du chenal, pour rejeter le courant en lui interceptant l'entrée de son ancien lit, ce travail relativement peu considérable supprimait tout affouillement, tout glissement, tout transport de matières, en faisant disparaître leur cause; et, par suite, les berges en mouvement ne tarderaient pas à s'arrêter et à prendre une assiette stable. Mais on se heurtait à un autre inconvénient. En aval du point de plus grand rapprochement des deux cours d'eau, le Vachères affouillait énergiquement, de son côté, tout le versant de sa rive gauche. En lui ajoutant

(1) *Ibid.*, p. **154.**

les eaux de la Grand'Combe, on allait reproduire sur la rive gauche le mal qu'on supprimait sur la rive droite : il fallait donc protéger également la première.

Voici comment il a été procédé.

On a bien établi un chenal maçonné de la Grand'Combe au Vachères. Un barrage latéral rejette dans ce chenal toutes les eaux de l'affluent. Celui-ci, à son entrée dans le torrent principal, rencontre un barrage transversal qu'il franchit en tombant dans le Vachères par une chute de 7 mètres. L'atterrissement provoqué par ce barrage en son amont a pour effet de consolider le chenal de la coupure. Un peu plus bas, au point où le Vachères, s'écartant par une courbe prononcée du plateau, commence à affouiller sa rive gauche, un barrage, oblique par rapport à l'axe du lit, ferme complètement le passage au courant. A partir de ce point, un lit artificiel de 10 mètres de largeur a été creusé entre l'emplacement du lit naturel du Vachères et le plateau qui le sépare de l'ancien lit de la Grand'Combe. Ce canal se poursuit sur une longueur de 330 mètres, à l'extrémité desquels il rejoint le lit principal. Le barrage dont nous venons de parler, et qui rejette les eaux du courant dans le nouveau lit, se prolonge tout le long de la rive gauche de celui-ci, par une digue en maçonnerie mixte de 8 mètres d'épaisseur, l'autre rive étant maintenue par une contre-digue plus faible, mais tout entière en maçonnerie au mortier. Le fond du canal est rendu inaffouillable par un pavage de gros blocs maçonnés au béton, et sa partie inférieure descend en cascade sur un enrochement brut de blocs énormes, dont l'ensemble mesure 30 mètres de largeur et 12 mètres de hauteur, tandis que, un peu en aval, un fort barrage maintient par son atterrissement le blocage et le canal tout entier (1). A la suite de l'exécution de ces

---

(1) Cf. Costa, *loc. cit.*, et *Monographies de travaux de reboisement*, pp. 36. et 37. — Les dimensions du barrage ont été données plus haut. C'est le plus important de tous ceux du vaste périmètre du Vachères. Son couronnement formé d'énormes blocs assemblés avec soin et cimentés, est consolidé par

travaux, les érosions, les glissements, les transports de laves
et de gros matériaux ont cessé ; les eaux du torrent ne charrient plus que de menus graviers et leur limpidité n'est pas
sensiblement troublée. Il faut faire connaître toutefois que,
dans le courant de l'année 1877, par l'effet d'une crue tout à
fait exceptionnelle et qui avait porté le débit du torrent au
chiffre énorme de 60 mètres cubes d'eau par seconde, le
canal s'est trouvé rompu. Mais le grand barrage est resté
intact, ainsi que celui qui, situé en amont de la digue, en
faisait partie intégrante. Le courant n'a pas pu, par suite,
rentrer dans son lit primitif ; il s'en est seulement creusé
un à cinq ou six mètres en contre-bas du pavé du second.
Dégât partiel, relativement de peu d'importance, facile,
par suite, à réparer, et qui n'en montre que mieux l'efficacité du système des ouvrages exécutés. Les versants
naguère en mouvement, aujourd'hui devenus stables, ont
pu être revêtus d'une végétation tant forestière que gazonnante qui assurera, avec le concours du temps, le maintien
définitif du nouvel état de choses.

La description qui précède a donné lieu de faire mention
d'un genre d'ouvrage dont il avait été peu question jusqu'ici. Nous voulons parler des digues. A vrai dire, les
digues ne sont autre chose que des barrages longitudinaux, comme réciproquement les barrages proprement
dits sont de vraies digues transversales. C'est ainsi
que nous avons vu tout à l'heure le même ouvrage être
successivement, ou plutôt en même temps, barrage et
digue : barrage lorsqu'il *barrait* l'accès de l'eau à l'ancien lit qu'il s'agissait d'assécher ; digue, lorsque, se prolongeant contre la rive droite du nouveau lit, il en consolidait
la berge et la préservait des affouillements. Il faut donc
compter les digues parmi les ouvrages spéciaux auxquels on
est quelquefois dans le cas d'avoir recours, lorsque les sys-

des S en fer traversant toute la maçonnerie. Le radier est formé de trois
assises de blocs, maintenues par un grillage en pièces de mélèze de plus
de 50 centimètres de diamètre. En aval, des perrés très épais en maçonnerie protègent et maintiennent les berges.

tèmes de barrages échelonnés seraient, en raison de circonstances locales particulières, insuffisants, ou d'une exécution difficile, ou trop dispendieux. Les clayonnages longitudinaux, dont nous avons parlé à l'occasion des barrages vivants, ne sont autre chose eux-mêmes, au surplus, que de petites *digues vivantes*.

A ces divers travaux accessoires il faut aussi ajouter les *éperons*, sortes de pyramides triangulaires tronquées, en maçonnerie hydraulique, et solidement encastrées dans une portion de berge résistante, défendues en outre par des radiers ou de forts blocages. C'est un mode de défense des berges contre les affouillements, dans certains cas où les pavages et les perrés seraient insuffisants, et où la construction toujours onéreuse de digues n'est pas indispensable.

Enfin le *talutage des berges* et le *curage du lit* complètent la liste des travaux spéciaux de consolidation que nous avions à mentionner. Le premier n'est pas sans analogie avec le nivellement préparatoire des hauts versants du bassin, avant d'y construire les menus barrages de fascines. Il consiste à régulariser le profil en travers des berges trop mouvementées par les ravinements, afin de permettre à la végétation de s'y maintenir. Seulement, au lieu de garnir le fond des parties basses avec ce qu'on enlève aux saillies et aux arêtes, on se borne à repousser ces déblais au pied même des berges, c'est-à-dire dans le lit, les faisant ainsi concourir à son amélioration. Les pierres sont employées pour les enrochements et les pavages, les terres rejetées en remblais en arrière des clayonnages longitudinaux pour aider à l'enracinement de leurs boutures et leur faire faire corps avec la berge elle-même. Le surplus, s'il y en a, s'en va, entraîné par le courant, contribuer aux atterrissements des barrages.

Cette amélioration du lit est puissamment secondée par l'opération de son curage. MM. Culmann ingénieur suisse (1) et Cézanne recommandent particulièrement ce tra-

____

(1) *Rapport au conseil fédéral sur les Alpes suisses*, par M. le professeur Culmann. Lausanne, Cerbuz, 1865. Cité par M. Cézanne.

vail très simple, peu dispendieux et d'une exécution facile.
Il consiste à retirer du milieu du lit et à ranger et entasser sur ses bords, pour les utiliser au besoin, tous les blocs, les grosses pierres charriées lors des crues. Ces corps faisant saillie au milieu du lit peuvent, à un moment donné, rejeter les eaux contre la berge en les détournant de leur cours naturel. Au contraire leur enlèvement, en approfondissant le lit, diminue les chances de débordement dans les pentes adoucies ; leur entassement le long des rives constitue parfois de véritables digues d'un effet excellent pour maintenir le lit et l'empêcher de divaguer. On ne saurait trop recommander à l'administration des forêts, dit M. Cézanne, d'employer quelques journées de travail sur le cône de déjection des torrents dont elle a consolidé le bassin de réception par des plantations et des barrages (1).

XII.

BARRAGES DE RETENUE
DANS LES TORRENTS GLACIAIRES ET A CLAPPES.

Tous les ouvrages décrits jusqu'ici, qu'ils soient d'un emploi général comme les barrages de grandes dimensions, rustiques ou vivants, qu'ils soient spéciaux à des cas particuliers comme épis, perrés à gradins, drainages, digues, dérivations, etc., ou enfin complémentaires des ouvrages généraux, comme talutage des berges et curage du lit, pavages, radiers, etc., tous ces travaux concernent les *torrents à affouillements*. Peu importe d'ailleurs qu'ils soient simples ou composés suivant la classification de M. Costa, qu'ils partent d'un col, d'un faîte ou du milieu d'un versant, si l'on adopte celle de M. Surell : ce qui détermine la

(1) Ernest Cézanne, Suite à l'*Étude sur les torrents des Hautes-Alpes*, p. 2 57.

nature des ouvrages à leur opposer, c'est qu'ils ne charrient d'autres matériaux que ceux que, par leur propre action ou par celle de leurs affluents, ils détachent eux-mêmes des flancs de la montagne.

Ils n'en est plus de même quand il s'agit des *torrents glaciaires* et des *torrents à clappes ;* on n'a plus seulement ici à régler les affouillements et les transports de matières qui en résultent, de manière à les supprimer peu à peu : il faut retenir dans le sein même de la montagne, ou tout au moins vers le bas, des matériaux transmis aux torrents d'une manière indépendante de leur action. Il a été expliqué précédemment comment ces matériaux sont fournis, soit par les moraines des glaciers sur lesquels l'homme est sans influence, soit par la désagrégation lente des rochers élevés et qui, tant par leur altitude que par leur escarpement, échappent à toute préservation possible. Les habitants des Alpes nomment *clappes* ou *casses* les nappes pierreuses que ces éboulis forment sur les versants et dans les gorges au pied de ces rochers. M. Philippe Breton les désigne sous la dénomination plus scientifique de *cônes d'éboulis*. Le savant ingénieur distingue, en montagne, trois sortes de cônes ; premièrement les cônes de déjection, sur la définition desquels nous n'avons pas à revenir ; ils sont situés au bas des montagnes, dans la plaine ou dans les vallées ; secondement les cônes d'éboulis, et en troisième lieu les *cônes d'avalanche*.

De beaucoup les plus nombreux , les cônes d'éboulis recouvrent sans interruption , des crêtes rocheuses aux flancs des vallées, les versants d'un grand nombre de montagnes. Leurs sommets, rangés à la file les uns des autres, au pied de la roche nue, sont distincts et très nombreux. A mesure qu'ils s'élargissent en descendant, ils se recouvrent mutuellement en s'aplatissant, et finissent par ne former plus, ensemble , qu'une surface inclinée à 60 ou 70 pour 100, et ondulée dans le sens transversal. Des fragments anguleux et de volumes divers des roches supérieures, avec mélange de terre, composent ces nappes d'éboulis (1).

Les pentes des cônes d'avalanche, beaucoup plus douces que celles des cônes d'éboulis, sont beaucoup plus raides néanmoins que celles des cônes de déjection et même des gorges des torrents. Les avalanches ne sont pas des phénomènes isolés, imprévus et sans emplacements déterminés : comme les cours d'eau ont leur lit, les torrents leur gorge, les avalanches ont leurs *couloirs*, dépressions de la montagne où elles se mettent en marche tout à coup et sur lesquelles elles s'arrêtent, tantôt plus haut, tantôt plus bas, mais dont elles ne s'écartent jamais. Aussi ont-elles chacune un nom comme les torrents eux-mêmes. Ce qui en fait l'imprévu, c'est que l'on ne peut jamais savoir le jour et l'heure où telle avalanche opérera sa descente, et que l'irrégularité de ces points d'arrêt favorise l'imprévoyance des montagnards : ceux-ci vont parfois élever leurs habitations à la partie inférieure du lit même de l'avalanche, rassurés à tort par cela que de temps immémorial elle n'est plus descendue aussi bas, sachant pourtant que rien ne peut empêcher qu'en une année de plus grande abondance de neige elle n'y descende de nouveau.

Le cône d'avalanche se forme de la manière suivante.

Arrivé au fond d'une vallée, l'éboulement de neige s'arrête sous la forme d'un cône, ordinairement tout noir à sa surface, par suite des particules de terre ou de pierres broyées et réduites en boue qu'il a entraînées. Les pentes de ce cône sont réglées par le frottement de la neige sur elle-même. Un trou que l'eau de fusion s'est ouvert à la base du cône en facilite l'écoulement, et peu à peu toute la partie neigeuse qui se liquéfie lentement s'en va et disparaît par cette voie. Alors il ne reste plus en place que les débris et particules solides, terres, fragments de rochers et de végétaux que l'avalanche a arrachés dans sa chute, les plus lourds occupant le pied et les plus légers le sommet de ce qui reste du cône. Mais si l'on songe que de tels débris

(1) Cf. *Mémoire sur les barrages de retenue*, p. 60.

n'ont cessé de s'accumuler au bas de chaque couloir d'avalanche depuis que les montagnes ont leur relief actuel et leur climat, c'est-à-dire, vraisemblablement, depuis les commencements de l'ère géologique actuelle, on ne sera pas surpris qu'ils aient fini par y accuser des formes conoïdes bien tranchées : ces formes diffèrent de celles des cônes de torrents, non seulement par leurs pentes plus raides dans le sens du profil en long, mais encore par l'aplatissement de celles-ci vers le sommet, et généralement dans le sens des profils en travers ; les cônes d'avalanche forment ainsi, assez souvent, d'immenses clappes au-dessus desquelles émergent les rochers à pic (1). Ce n'est d'ailleurs qu'aux époques, toujours éloignées et irrégulièrement espacées, de neiges exceptionnellement abondantes, que l'avalanche descend jusqu'au pied de son cône. Le plus ordinairement elle s'arrête vers le sommet, s'étendant tout autour en éventail ; il s'ensuit que le cône raidit de plus en plus sa pente en aval, augmentant de plus en plus, par là même, les chances d'extension des avalanches ultérieures : quelquefois, pourtant, il arrive que l'avalanche reste plusieurs siècles sans redescendre jusqu'au bas de son cône. Alors les populations se rassurent imprudemment ; des habitations, des villages entiers même se construisent sur les flancs du cône, à sa partie inférieure, et tôt ou tard surviendra quelque affluence de neige qui, précipitant l'avalanche jusqu'à la dernière extrémité de son parcours, engloutira maisons et habitants dans son linceul glacé (2).

M. Philippe Breton ne croit pas qu'il soit humainement possible d'arrêter ces redoutables phénomènes, et il ne voit pour les habitants des montagnes d'autres moyens de préservation que de bâtir leurs maisons hors de l'atteinte possible des avalanches. Le conseil, assurément, est excellent, mais pour l'avenir. En attendant, les habitants des maisons, hameaux ou villages construits de longue date

(1) Demontzey, *Étude*, p. 95.
(2) Cf. Ph. Breton, *Mémoire*, p. 61.

sous le coup de ce danger, auraient intérêt à ce que des tentatives fussent faites pour leur procurer un préservatif moins indirect que celui de M. Breton. En fait, il y a des moyens d'action qui, s'ils ne sont pas d'une efficacité souveraine et absolue, constituent au moins de puissants palliatifs, fort dignes encore d'être appréciés. Au surplus, les grandes avalanches, qui se forment à la suite des hivers neigeux, n'élèvent pas toujours leurs ravages à ce degré qui en fait de véritables catastrophes. Mais il arrive souvent que la masse de neige, entassée à proximité du pied des cônes, devient très considérable, dure plus longtemps et se maintient souvent jusqu'aux chaleurs estivales qui, combinées avec une pluie d'orage, en opèrent rapidement la fonte brusque, à la suite de laquelle des matériaux nombreux sont entraînés dans le lit des torrents (1). Si donc l'on peut empêcher, ou tout au moins entraver dans une mesure importante, la formation des avalanches à leur point d'origine, on aura soulagé d'autant les torrents qui passent à portée de leurs cônes ou les traversent.

Les matériaux que les torrents reçoivent des diverses sources que nous avons indiquées sont toujours de deux sortes : des matières terreuses ou boueuses, et des pierres et fragments de rochers. Dans le cas où elles viennent du glacier ou bien des clappes d'avalanche, les matières terreuses proviennent du broiement des roches sous l'action du frottement des glaces, des névés et des neiges ; mélangées avec l'eau provenant de leur fusion, elles forment des laves plus ou moins claires ou épaisses. Dans les clappes d'éboulis, les matières terreuses proviennent soit de terres végétales entraînées par la chute des fragments de roches, soit des parcelles les plus ténues de ces fragments eux-mêmes. Quant aux pierres fournies par les glaciers, elles proviennent, comme on l'a dit, de leurs moraines. Celles-ci, disposées en forme de digue transversale (mo-

(1) Demontzey, *loc. cit.*, p. 96.

raine frontale) ou de digues longitudinales (moraines latérales), résistent longtemps à l'entraînement, lequel n'a
guère lieu que quand le glacier, par un mouvement de
recul, les laisse à découvert : ces ouvrages naturels ont
alors à subir l'action affouillante de l'eau ; mais ils n'aban-
donnent que successivement, peu à peu, les éléments qui les
composent : aussi les glaciers sont-ils beaucoup moins à
redouter, dans les crues exceptionnelles des torrents,
« que les neiges *non* perpétuelles qui fondent en été (1). »

Enfin les pierres d'éboulis glissent souvent par coulées
et en grandes quantités à la fois, apportant alors aux torrents un tribut considérable et brusque de matériaux qui
se comportent d'une façon non dépourvue de quelque analogie avec les avalanches de neige.

On oppose à ces divers modes de recrutement de matériaux trois sortes d'ouvrages :

1° Les barrages de retenue proprement dits, destinés à
emmagasiner à poste fixe les plus grands volumes possibles de matériaux entraînés.

2° Les murs en travers ou *tournes*, contre les avalanches
et les coulées de pierres.

3° Les places de dépôt sur les cônes de déjection.

1° *Barrages de retenue proprement dits*. Le but, l'objet
des barrages de retenue étant tout différents de ceux des barrages de consolidation, le choix de leur emplacement doit
dépendre de considérations également différentes. Il faut
d'abord qu'ils déterminent à leur amont un bassin de la plns
grande capacité qu'il se pourra, et pour cela il est nécessaire qu'ils soient placés à l'aval des plus faibles pentes
possibles. En effet, la grandeur du bassin sera réglée par la
hauteur du barrage, l'écartement des berges à son amont
et le profil de compensation correspondant à la nature et
aux dimensions des matériaux destinés à s'y emmagasiner:

(1) Ibid., p. 95.

or plus la pente sera faible ou, ce qui revient au même, moins elle se redressera en remontant, et plus l'espace sera grand entre elle et celle qui sera limite quand le bassin sera comble.

C'est le plus souvent au-dessus des cascades que se rencontrent de pareils emplacements ; la gorge s'y élargit d'ordinaire à l'amont tout en laissant à la naissance de la cascade un profil en travers étroit : condition doublement avantageuse au point de vue d'une plus grande capacité du bassin et d'une économie de main-d'œuvre sensible, qui rendra d'autant plus facile l'exhaussement ultérieur du barrage. Enfin à l'amont d'une cascade on est toujours à peu près sûr de trouver, soit au fond, soit au moins sur les berges, un rocher solide qui permettra de donner à l'ouvrage un fondement inébranlable (1).

On a dit, au début du chapitre x, que les torrents à clappes et glaciaires ne laissent pas que d'affouiller aussi sur certaines portions de leur parcours, ajoutant ainsi les effets de leurs affouillements à ceux de la chute des pierres qui leur arrivent du dehors. Dans ce cas, c'est seulement au-dessus de la plus haute des portions du lit sujettes à affouillement que l'on devra élever le premier des barrages de retenue. La série s'en trouvera, de la sorte, toute rapprochée du lieu d'origine des matériaux à retenir (2). M. Philippe Breton, faute d'avoir fait l'importante distinction établie par M. Demontzey, recommande de construire le premier barrage le plus bas possible, au sommet du cône de déjection, par exemple, et même, si ce cône n'a et ne peut avoir aucune valeur comme terre à cultiver ou autrement, vers son pied, « de manière à profiter de toute cette surface pour y emmagasiner les graviers (3). »

(1) Ibid.

(2) Il est évident, dit M. Demontzey, « que, si le torrent présente des sections sujettes à l'affouillement qu'il faut traiter par un système de barrage de consolidation, ce n'est qu'à l'amont de la plus haute de ces sections que devra commencer la série des barrages de retenue qui seront dès lors aussi rapprochés que possible de la source de production des matériaux .»

(3) *Mémoire*, p. 41.

A son point de vue, le savant ingénieur n'a pas tort, puisque ses barrages de retenue sont destinés à emmagasiner à leur amont tous les matériaux, quelle qu'en soit la provenance, qui descendent de la montagne. Il n'avait pas envisagé, évidemment, quand il écrivit son mémoire, la possibilité de faire servir une partie de ces matériaux à la reconstitution même de la montagne, et il s'était arrêté à l'idée d'un emmagasinement indéfini de ceux-ci, d'où qu'ils vinssent, derrière une série de contreforts successifs échelonnés à l'amont les uns des autres. Il reconnaît bien qu'il n'y a rien là qui soit destiné à suffire *pour toujours ;* il ajoute avec beaucoup de sens que conserver des propriétés menacées, d'abord pour un avenir prochain, puis, si l'on peut, pour un avenir plus éloigné, est un résultat suffisant pour motiver les travaux qu'il recommande. « Dans la question de la défense contre l'envahissement des vallées par les graviers des torrents, ajoute-t-il, si l'on peut assurer un avenir deplusieurs siècles avec des dépenses modérées eu égard aux propriétés à défendre, il faut se contenter de ce résultat et laisser à nos successeurs le soin de trouver d'autres moyens de défense quand il sera temps (1). »

Mais ce soin que M. Philippe Breton paraît léguer aux générations à venir n'est-il pas en partie réalisé? La correction des torrents d'affouillement par les séries d'ouvrages décrits ci-dessus, correction qui rend possible et le reboisement des versants supérieurs et, par le fait, l'extinction graduelle de ces mêmes torrents, n'est-ce pas là un moyen dedéfense aussi définitif que peuvent l'être les œuvres même de la nature? On sait qu'un torrent une fois éteint, il n'y a guère que l'effet de l'incurie de l'homme ou de son vandalisme qui puisse le rallumer. La réflexion de M. Breton reste vraie, néanmoins, pour les torrents ou parties de torrents que des éboulis indépendants de leur action entretiennent de matériaux de transport. Mais ceux-ci

(1) Ibid., p. 35.

rentrent alors dans ces cas de destruction lente des montagnes par l'action irrésistible des forces de la nature, qui
ont été signalés au chapitre Ier de ces études : c'est déjà
beaucoup de pouvoir leur opposer des obstacles d'une efficacité plusieurs fois séculaire.

Quel que soit l'emplacement que les circonstances locales aient fait choisir, comme remplissant toutes les conditions
désirables, pour y élever le premier barrage de retenue,
voyons comment devra être construit ce barrage et comment, lui construit, les choses se passeront. Cet emplacement, au surplus, pour les raisons indiquées tout à l'heure,
sera presque toujours à des altitudes élevées où l'emploi de
la maçonnerie au mortier serait impraticable ou par trop
onéreux : le barrage sera donc construit ordinairement en
maçonnerie à pierres sèches. Véritable mur de soutènement destiné à supporter une poussée considérable, il devra
présenter les meilleures conditions de solidité : voûte horizontale à rayon court, parement d'amont vertical et parement d'aval avec fruit de 25 à 30 p. 100, construction par
assises perpendiculaires à ce fruit. Nulle nécessité d'ailleurs
de donner du premier coup à l'ouvrage sa hauteur définitive. Supposons qu'il lui ait été donné d'abord une hauteur de quatre mètres mesurés le long du parement vertical d'amont, avec une épaisseur de 2 mètres au sommet.
Les matériaux étant arrêtés par cet obstacle s'accumule-
ront derrière lui avec l'eau, qui y formera d'abord un petit lac s'écoulant par le couronnement du barrage : en
même temps les matériaux situés plus en amont se trouve-
ront arrêtés par les premiers et la pente s'adoucira d'abord
en même temps que le niveau s'exhaussera et que le petit
lac verra sa profondeur diminuer. Cette marche se pour-
suivra pendant un temps plus ou moins long, jusqu'à ce que
soit atteint le profil de compensation, c'est-à-dire jusqu'à
ce que l'exhaussement, étant parvenu au sommet du barrage, ait redressé sa pente en amont au point de la rendre
parallèle à ce qu'elle était avant la construction de l'ouvrage,

étant admis qu'elle était alors limite. Mais avant que les choses en soient arrivées là, et dès que l'atterrissement commencera à atteindre le bord du couronnement, on construira un second barrage supérieur au premier, appuyant le parement extérieur de sa base sur celui du couronnement, et dans son prolongement de manière à conserver le même fruit : le surplus de cette base, qui devra être aussi large que celle du premier barrage, s'appuiera sur l'atterrissement. Les choses se passeront de même derrière ce mur d'exhaussment qu'elles se sont passées derrière celui qui lui sert de fondement. M. Demontzey, dans l'Atlas annexé à son *Étude sur les travaux de reboisement*, donne la coupe d'un barrage de retenue quatre fois exhaussé de cette manière, chacun des quatre barrages élémentaires ayant une hauteur verticale de quatre mètres.

On aurait pu, au lieu de superposer ces murs de retenue les uns aux autres, les construire en tête de chacun des atterrissements successifs. Mais alors, voici ce qu'il serait arrivé : une fois la pente limite atteinte derrière le quatrième barrage, les matériaux l'auraient franchi pour aller s'accumuler derrière le troisième ; mais la pente limite s'y trouvant atteinte par l'atterrissement antérieur, ils n'auraient pas tardé à franchir aussi le second, jusqu'au premier qui, depuis longtemps atteint à son couronnement par la pente-limite, serait impuissant également à rien retenir. Alors, si l'on voulait continuer la préservation des régions d'aval, il faudrait construire sur le premier barrage un autre barrage en formant l'exhaussement, puis, ultérieurement un troisième sur le second, un quatrième sur le troisième. On voit que nos barrages construits d'abord en amont des atterrissements se trouveraient noyés dans l'atterrissement général, et ainsi ne serviraient à rien. Il est donc préférable de construire chaque nouveau barrage sur le sommet du précédent dès que l'atterrissement l'a atteint.

Toutefois la très grande élévation à laquelle pourraient parvenir ces barrages superposés présenterait un inconvénient : ils donneraient à l'eau une hauteur de chute trop considérable, et par suite — nous supposons d'ailleurs le pied de l'ouvrage fondé sur un rocher inaffouillable — une vitesse initiale trop grande au pied du premier barrage. On calculera donc le maximum de hauteur de chute auquel il sera possible de parvenir sans inconvénient eu égard aux conditions du lit en aval ; une fois cette hauteur atteinte, on ira commencer une seconde série de barrages superposés un peu plus en amont.

Mais il peut arriver que l'on soit forcé d'établir le système de barrages sur un sol affouillable où la moindre chute d'eau ne tarderait point à déchausser les fondements même de l'édifice et à le miner ainsi par le pied. En pareil cas, le système recommandé par M. Philippe Breton trouve une excellente application. Au lieu de superposer ses barrages successifs immédiatement l'un au-dessus de l'autre, il les échelonne en gradins. Derrière le couronnement du premier et un peu en dessous, il construit un épais radier formant le fond d'une cuvette en contre-bas du lit naturel de gravier, et sur le prolongement duquel s'appuiera le fondement du barrage suivant. La tête du premier gradin s'élevant en contre-haut du radier formera contre-barrage au second. La longueur du radier entre le pied de ce dernier et le couronnement du premier — autrement dit l'écartement des deux barrages — sera calculé d'après la vitesse horizontale de l'eau sur la crête du déversoir, de manière à en déduire le tracé du jet parabolique : on s'assurera ainsi que ce jet arrivera au fond de la cuvette « assez loin avant le contre-mur, pour pouvoir se relever en courbe, en s'épanouissant au-dessus du contre-mur (1). » Il se forme ainsi une sorte de tourbillon roulant sur place, et qui absorbe la majeure partie de la force vive développée par la chute de l'eau. Par ce moyen, l'on arrive à ce résultat que l'eau ressort de la cuvette avec la seule vitesse nécessaire pour en franchir le bord en déversoir. Au pied du

(1) *Mémoire*, p. 45.

premier barrage les choses sont disposées de même qu'au pied du second, avec cette seule différence qu'un contre-mur spécial, élevé jusqu'à fleur du lit naturel du gravier et fondé aussi bas que possible, est construit à l'extrémité aval du radier, puisqu'il ne s'y trouve pas de tête de barrage pour en tenir lieu.

Une telle disposition a, sur les barrages superposés, cet avantage que la succession des gradins peut graduellement s'élever, et sans danger, à une hauteur pour ainsi dire indéfinie, à cette seule condition que le profil déterminé par la ligne qui joindrait leurs crêtes offre une pente assez peu forte pour qu'un éboulement ne soit en aucun cas à craindre (1).

Quant à la hauteur de chaque gradin, la considération qui doit la déterminer s'appuie sur le degré de pente du lit en amont : il faut que le petit lac, l'espèce d'étang, que les eaux doivent former derrière le barrage avant d'arriver à hauteur de chute, ait une longueur suffisante pour que le torrent ne puisse en aucun cas pousser, en une seule crue, un banc de gravier jusqu'à la tête du barrage, faisant ainsi franchir celle-ci aux déjections sans qu'elles aient rempli le grand réservoir qui leur était destiné (2).

2° *Murs en travers* ou *tournes*. — Il faut aussi arrêter, ou au moins entraver à leur origine les avalanches et les coulées de pierres qui se précipitent dans des conditions analogues. Les *tournes* sont des espèces de petits barrages isolés les uns des autres et d'un faible relief, des bourrelets de roches et pierrailles, que l'on élève perpendiculairement aux directions des pentes pour arrêter les neiges, les empêcher de glisser en nappes et les obliger soit à fondre sur place, soit à ne couler qu'après s'être déversées. Les montagnards savoisiens emploient beaucoup ces sortes d'ouvrages, mais en les disposant seulement dans le but exclusif de protéger leurs habitations, au point de chute

(1) Ibid.

(2) Cf. même auteur, *Étude sur le système général de défense contre les torrents*, 1875, imp. nat.

extrême des avalanches, là où elles ont acquis toute leur masse et toute leur violence. Pour obtenir une préservation plus générale et plus efficace, ce n'est pas, évidemment, à la limite de leur parcours, mais bien à leur début, qu'il faut disposer ces obstacles. On a dit plus haut que les avalanches, se précipitant chaque année sur des lits constants, disposent peu à peu, au bas de leur couloir de descente, un cône de déjection à formes allongées et à pentes raides si on les compare aux pentes des cônes de déjection des torrents : ce n'est ni au pied, ni même au sommet de ce cône que les *tournes* peuvent être placées d'une manière vraiment efficace, mais bien au-dessus du couloir qui le domine et à l'extrémité inférieure duquel il prend naissance. Là, en effet, s'accumulent les masses de neiges pour, à un moment donné, se précipiter en bloc à travers l'étroit couloir : si l'on peut briser et morceler cette masse, ou en immobiliser la majeure part et contraindre le surplus à ne s'écouler que successivement, on aura supprimé ou largement atténué les dégâts de l'avalanche. On y arrive en disposant, en travers des diverses pentes mentionnées, lisses, sans aspérités, de ce que l'on pourrait appeler le *bassin* de l'avalanche si l'on compare son couloir à un canal d'écoulement, les petits ouvrages dont nous avons parlé. Pour se les figurer, il faut se représenter leur projection horizontale comme un triangle isocèle et obtusangle, légèrement tronqué aux deux angles aigus. A la pointe de l'angle obtus les deux parements s'élèvent de 2 à 3 mètres, formant éperon en se joignant : là est le maximum de l'épaisseur de l'ouvrage au-dessus du sol ; celle-ci va en diminuant vers la base du triangle que forme le plan de l'ouvrage. C'est donc une sorte de pyramide triangulaire dont l'une des faces, très inclinée et longue de six à huit mètres au plus, n'est autre que la portion du versant qu'elle recouvre ; le sommet de cette pyramide se dresse au-dessus d'une crête verticale, qui oppose son tranchant à l'éboulement de neige à naître sur la pente qu'elle regarde. Réparties en nombre suffisant et judicieusement espacées sur les différents points de cette manière d'entonnoir que nous avons appelé le bassin de l'avalanche, ces *tournes* peuvent, on le conçoit sans peine, résister à un glissement initial et en paralyser les effets, alors qu'elles ne sauraient arrêter, au milieu de sa course, une avalanche nantie de toute la puissance que lui donnent sa masse accumulée et sa vitesse acquise.

Des ouvrages analogues peuvent aussi être employés vers les sommets des clappes d'éboulis pour adoucir, graduer et régulariser la descente des matériaux dont elles se composent. Une certaine modification est alors apportée à la forme des tournes : au lieu de se réduire à une simple arête, leur partie supérieure peut devenir un parement continu d'une certaine longueur : au lieu d'une pyramide, on a un prisme dont le pan supérieur est plus incliné que le pan servant de base, de telle sorte que, suffisamment prolongé, il le rejoindrait sous un angle plus ou moins aigu. C'est, autrement dit, un mur en travers construit avec un fruit extérieur très prononcé. La direction horizontale de ces murs est généralement conduite dans le sens des courbes de niveau : on les construit par gradins en partant de l'aval et remontant successivement vers l'amont (1).

Tous ces murs, vu la grande altitude où ils s'élèvent d'ordinaire, l'abondance des matériaux sur place ou au proche voisinage, la presque impossibilité d'y transporter du mortier ou du ciment, se construisent en maçonnerie à pierres sèches. Les plus grosses sont réservées pour le couronnement et solidement assemblées de manière à présenter par leur masse une grande résistance.

3° *Places de dépôt.* — Après avoir restauré les versants moyens de la montagne par de bons systèmes de barrages de consolidation, avoir préservé son pied contre

---

(1) Cf. Demontzey, *Étude*, pp. 98 et 99 ; *Atlas*, pl. **XXV**, fig. 1 à 6.

les éboulis des moraines, des clappes et des avalanches au moyen des grands barrages de retenue, des tournes et des murs de soutènement des clappes, tous n'est pas encore fini dans la lutte contre les ravages actuels ou possibles du torrent. Les gros matériaux auront sans doute été retenus, et sans doute aussi la plus grande partie des petits, non toutefois leur totalité : quelques-uns de ceux-ci, menus graviers, sables et limons, pourront être entraînés jusque sur le cône de déjection pour, de là, se précipiter dans la rivière. Mais il se peut que, pour cause d'endiguement ou autre, la rivière ne doive pas donner accès dans son lit à ces matériaux récalcitrants. On les retient alors, sur le cône même, au moyen de places de dépôt successives.

Supposons qu'en débouchant de la gorge, au sommet du cône, le courant ait une tendance à incliner vers la gauche ; nous choisirons le versant gauche du cône pour y établir la première place du dépôt. A l'aval du dernier — ou plutôt du plus bas situé — des barrages de consolidation, nous établirons un perré pour diriger le courant vers l'emplacement en question, disposé en forme oblogue ou hexagonale allongée dans le sens longitudinal; une levée de matériaux constituant le cône formera digue tout autour de la place de dépôt ; un revêtement en maçonnerie à pierres sèches en maintiendra la paroi intérieure. Au tiers et aux deux tiers environ du grand axe, s'élèveront deux petites digues transversales de même hauteur que la digue du périmètre : entre celle-ci et les extrémités de ces espèces de barrages, un intervalle sera ménagé de chaque côté. Cette disposition particulière a pour but de forcer les déjections à s'étaler horizontalement sur la place de dépôt, au lieu de s'y former en un petit cône greffé sur le grand.

A l'extrméité inférieure, la place de dépôt se resserre pour aboutir à un canal formant le prolongement du lit et destiné à conduire à la rivière les eaux nettoyées de toutes matières étrangères. En amont de ce chenal, on a disposé

un triple grillage, composé de forts pieux et destiné à retenir les matériaux qui ne se seraient pas déposés, puis au-
dessous un pertuis avec une vanne pour ne laisser passer
que des eaux parfaitement décantées.

Après colmatage complet jusqu'à la hauteur voulue de
cette première place de dépôt, en en établira une seconde
à son joignant, et on couvrira par un peuplement forestier
celle dont le fonctionnement est terminé. Ainsi de suite
jusqu'à ce que la surface entière du cône, au besoin, ait été
parcourue. Il est de toute vraisemblance qu'alors les conditions de stabilité du torrent, le boisement du cône aidant,
seront suffisantes et définitives.

Telle est l'œuvre dont l'exposé et la description font
l'objet du présent article. On aurait pu lui donner un titre
spécial qui eût été celui-ci : *Correction des torrents*, ou
bien encore : *Préparation au reboisement*, car la correction des torrents n'est pas autre chose. Si elle produit en
même temps des résultats immédiatement bienfaisants et
pratiques, ceux-ci ne seront rendus définitifs, ne seront
acquis à jamais, que quand le grand œuvre de reboisement,
complété par la régénération et la conservation des pâturages, aura éteint tous ces torrents dont l'art peut seulement
corriger et régulariser le cours. L'homme a pu les forcer,
par des atterrissements graduels et savamment combinés,
à restituer, quoique sur une échelle un peu plus réduite,
l'ancien relief de la montagne ; la nature seule, par son
action lente, continue, persévérante, secondée d'ailleurs
encore par la main de l'homme, pourra apporter à l'œuvre
courageusement entreprise son couronnement final.

TABLE DES MATIERES.

—

   I. L'écroulement lent des montagnes . . . p. 1
  II. La démolition rapide. *La crue des fleuves* . . . 10
 III. Déboisement et reboisement 19
 IV. Usage abusif des montagnes pastorales . . . 30
  V. Pacage des vaches et associations fromagères . . 43
 VI. Classification générale des cours d'eau . . . 57
VII. Lois générales de la torrentialité. 64
     § 1. Période de stabilité du lit. 66
     § 2. Période d'entrainement des matériaux . . 68
      I. Transport électif, en masse, et courant de
        matière 68
      II. Des variations de la vitesse 71
      III. Loi du dépôt des matières 76
VIII. Les torrents et leurs diverses parties. Classement et
    description 87
 IX. Marche à suivre dans la lutte contre la torrentialité . 109
  X. Ouvrages généraux de consolidation 120
 XI. Ouvrages spéciaux de consolidation 140
XII. Barrages de retenue dans les torrents glaciaires et à
    clappes 151

ERRATA.

P. 55, ligne 9, au lieu de : *à l'ouest*, lisez : à l'aide,
P. 64 titre du chap. VII, au lieu de TORRENTICITÉ, lisez : TORRENTIALITÉ.